EMBA沒教的44則人性領導法則

用44則寓言故事，看懂職場人情世故，
化解上下與跨部門溝通干戈障礙，
圓融自在發揮強大個人影響力

RAVI GUPTA
拉維・古達——著
吳宜蓁——譯

MBA THROUGH STORIES:
The Art of Effective Management Through 44 Enriching Tales

目錄

第二章 管理人力資源

第三章　管理的關鍵技術

當故事遇上管理學

寓言、民間傳說和故事，並不只是廣受歡迎的娛樂來源。自古以來，智者就常把故事當作重要媒介，將知識傳遞給學生與信眾。世界知名的寓言故事集，如《故事海》（*Kathasaritsagara*，印度寓言故事集）、《五卷書》（*Panchatantra*，古印度韻文寓言集）、《悉多帕德沙》（*Hitopadesha*，梵文寓言故事集）等，撰寫的目的都很明確，就是巧妙地運用各種不同的角色，來解釋領導力與管理能力，達到分享智慧之目的。

書中採取新手法，選擇對應主題的小故事，表達出現代管理學的內容。每個章節都包含一個故事，再針對主管，提出與該主題相關的討論。

本書是相當實用的自我成長指引，旨在幫助主管具備且強化相關的專業知識，掌握管理的藝術和科學。

空降的領導人有辦法管理公司嗎？

嘉各．賽司心情相當沉重。他很擔心三翠斯特有限公司（Centrest Limited）目前的狀況，這是他龐大商業王國JS集團當中的主力公司。

最近公司裡好像沒一件事是順利的，生產力、銷售收入和收益都在下降，而且員工道德低落，許多有價值的核心顧客，都轉向其主要競爭對手英派爾有限公司。

三翠斯特的CEO普藍．巴提亞甚至暗示，他正在考慮是否接受挖角，英派爾提出待遇優渥的職位。巴提亞是公司老臣，賽司也一直認為他是最忠誠的執行長之一。

「一定有哪裡不對勁，可能和維克藍當了公司領導人有關。」賽司猜想著。

去年，賽司指派自己的獨子維克藍成為公司管理階層的領導人。維克藍主修藝術，在管理方面，沒有任何正式的知識訓練和實務經驗。然而，白手起家的賽司，卻認為責任感就是最好的老師，他希望維克藍一開始就從最頂端做起。三翠斯特有著穩定營運的公司結構，以及歷經時間考驗的管理方式，交給誰來經營應該都沒有問題。然而，現在看起來，這決定完全不如他所預料。

賽司心想，或許撒米爾．巴特可以幫助我搞清楚狀況。巴特是ＪＳ集團的重要人事主管，也是賽司的麻煩終結者。賽司打電話給巴特，請他過來，然後把這些煩惱全告訴巴特。

巴特的回應很直接：「維克藍經營那家公司的態度，就像自己是老大一樣。維克藍經常當著眾人的面反駁巴提亞，因此傷了他的自尊；也常故意更改巴提亞的好決策，卻沒有提出正當理由。他就是想讓大家知道誰才是『老大』。」

賽司沉默地聽著。

巴特繼續說：「如果巴提亞離開，很快就會有一群好員工跟著離開。維克藍身邊已經有一群順從他的人，而這些人提出的意見，維克藍都會照著做。根據他們的建議，維克藍在產品價值並未明顯提升的情況下，就先提高了價格；因為競爭對手的產品較便宜，很多顧客便轉而向對方購買。生產力和利潤皆下降，也是必然的結果。」

賽司點點頭，向巴特表示，說到這裡他已經明白了。

•••

那天晚上，賽司直接詢問維克藍，公司目前面臨的難題，他卻固執地說：「爸，難道你看不出來，我有多努力想讓三翠斯特再創新高峰嗎？我正在努力改變公司，但這些人卻拒絕改變。」

「那麼，巴提亞和其他揚言要離開的人，你打算怎麼辦？」

「讓他們全都走吧，用聘請他們的薪水，一樣可以請到別人。」維克藍嘲諷地說。

「但這些人是我們忠誠的好員工，失去他們可能會導致災難。」賽司擔憂地說。

「忠誠已經不是企業重視的因素了，」維克藍說：「表現才是。」

「我聽說你在公司裡當眾羞辱人，這是真的嗎？」賽司問。

「誰告訴你的？普藍·巴提亞？那傢伙根本把我當笨蛋！如果他再用那種命令語氣告訴我，什麼該做或不該做，我一定會讓他知道誰才是老大。不管怎麼樣，我也需要得到最起碼的尊重吧！」

賽司被他的反應嚇到了，但心裡又覺得維克藍說的話也有道理。

•••

隔天，賽司把遇到的困境告訴朋友席庫馬。席庫馬說：「問題明顯在於維克藍缺乏管理技巧，不過我可以替他安排有效的管理訓練。」

「但是維克藍對管理課程沒有興趣。」賽司說。

「不是管理課程，我說的是管理技巧訓練，它可以塑造出成功的主管，就算是初學者也沒問題。」

「誰可以訓練他呢？」

「我的老朋友，巴卡·賈許。」席庫馬回答：「賈許是偉洛爾理工大學（VIT University）美國分校的教授，他去年回到印度，打算成立自己的企業訓練公司，但還沒有正式運作，所以目前他是自由接案的管理技巧訓練師。」

「他會願意接下訓練維克藍的案子嗎？」

「一定會的，我可以保證。」

「那麼就讓他來試試吧。」

成功之道：用對的方法與態度做事

席庫馬遵守承諾，安排賽司和賈許隔天見面。賈許仔細地聽著賽司的困擾，賽司說完後，賈許思忖了一陣子才開口。

「維克藍連最基本的管理技巧都沒有，卻一開始就把他放在最高的位置，這是誰的主意？」賈許問。

「是我。」賽司承認：「他很努力的。」

「**成功可不是來自於很努力，而是要用對的方法做事**。維克藍或許很努力，但顯然沒有用對方法，不然，你也不會來找我了。」

「一開始就在最上位有什麼不對嗎？畢竟維克藍將來必須接管我的商業王國，總有一天要繼承我這個位置。」

「這正是問題所在啊，你看，你自己也不是從最上位做起。身為從街頭學習的企業家，你也是以基層開始，逐漸成長為商業王國，持續從實作中學到管理技巧，所以怎麼能期待維克藍一開始就理解呢？」

「我明白你的意思，」賽司說：「但難道每個人都得從基層開始嗎？」

「這就見仁見智了，事實上，**重點在於怎麼開始，而不是從哪裡開始**。」賈許回答。

「我不明白。」賽司說。

「良好的商業領導力，需要穩健的基礎，穩健的基礎則來自經營公司的實作經驗，而且從最基本的地方開始。」賈許解釋。

「那麼想讓維克藍擁有良好的商業領導力，你有什麼建議？」

「首先，讓他先當管理學習生，而且最好不要在你的公司裡。」

「需要多久？」

「視狀況而定，先以這個身分去其他公司一週，接著我會開始正式訓練他。不過在那之前，我得先和維克藍談談。」

「你會進行什麼樣的正式訓練呢？」賽司問。

「在印度，大約有七〇%的在職主管，沒機會進商學院學習，我就是為了這些主管設計『管理與領導培訓課程』。當中包含了一百個管理方面的主題，我稱之為管理膠囊，或簡稱為『M膠囊』。簡單地說，我會把這套課程當作訓練的藍圖，同時也會一對一地教導維克藍，確保他的學習進度。」

這次會面就在兩人禮貌的互動中結束了。

●●●

維克藍去找賈許時，立刻切入重點：「我真的必須從基層做起，才能學會如何成功管理企業嗎？」

「恐怕是的。」賈許淡淡地說：「我問你一個簡單的問題，假設你現在站在梯子的頂端，你可以移動的方向有幾個？」

維克藍稍微想了一下才開口：「一個，只能往下。」

「沒錯！如果你站在梯子的第一階呢？」

「嗯，如果我不跨下梯子的話，就只能往上爬。」

「完全正確，在底層時你會有很大的進步空間。那麼，如果你直接被擺在頂端，並且期許你管理底下所有階層，你知道要管理什麼，以及如何管理嗎？」

「可以規範每個人的職權和責任範圍，再對照他們的實際表現，藉此管理他們。」

「一個職位的職權就像地圖般，地圖可以告訴你一座城市位於何處，但是看不出裡面有什麼。責任範圍只是空泛的敘述，在快速變化的商業領域中，反而會讓事情變得沒有效率。」

「但如果我從底層開始做起，不會因此變得眼界狹隘嗎？」維克藍問。

「說真的，我不同意這種說法。眼光狹隘與你所在的位置沒有關係，而是與你的態度有關，只有當你侷限自己，才會眼光狹隘。眼光狹隘的人，是因為他們不願相信宏偉壯大的可能性。」

「但是我所能看到的東西會十分有限，只有在頂端才能具備遼闊的視野啊。」

「**看到多少東西不是重點，重點是要看對東西**。希望眼光正確，就需要從企業基層做起的實際經驗。身為領導人，你必須全面且實際了解，公司日復一日的工作情形。」

「不過，領導人必須用更大的格局去看這個組織，這是位在頂層才會有的視野。」維克藍說。

「沒錯，但是要看懂整個格局裡的『什麼是什麼』，你必須熟識當中所有的好角度。一位成功的將軍，總是會在行動之前研究戰地的情形。」賈許補充說明。

「你相信我在接受訓練後，真的可以成為一個優秀領導人嗎？」

「我是否相信不重要，重要的是你自己相不相信。任何有野心，而且願意勤奮朝著目標邁進的人，都可以成為好的領導人。你必須敢冒險才能知道。」

維克藍嘆了口氣，結束發問。接著賈許向他講解課程的結構，以及何謂M膠囊。

「從星期一開始，每天下午六點來這裡學習一個M膠囊的主題，每個M膠囊都有實作的部分，可以讓你運用到工作中。我們每個星期會溫習該週的訓練內容。」賈許說。

「我不是應該先上完所有訓練課程，才開始實際領導公司嗎？」

「學習管理的最佳方式，就是邊工作邊學，將所學實際用於工作中是很重要的。不然，這套訓練也不過是學術理論而已。」

維克藍點點頭：「我明白你的意思了，我很期待這套訓練課程。」

管理學與故事的完美結合

很快地，維克藍的公司開始賺錢，現在已經是快速消費品公司的領導品牌了。

之後，賈許接到朋友賈格拉簡的邀約，請他到美國共同成立一間管理顧問公司。

在離開之前的某天，賈許到我的辦公室找我。他說：「今天來是想請你幫個忙，你知道我一直在發展這套管理訓練課程，現在我要搬到美國，過去的心血可能就此浪費。因為你在撰寫商業主題的文章，我想你應該可以幫忙把這些素材寫成一本書，提供給一般的讀者閱讀。」

我把我的想法告訴他：「我會重新編寫你的M膠囊，每個M膠囊都會對應一個發人省思的故事，讓討論的內容更加有趣、更吸引人，而每個故事都會有讓人學習與思考的寓意。」

「但採用故事的話，可能會降低M膠囊內容的嚴肅與重要性。」

「不會的，正好相反，有史以來，故事就在全世界被廣泛應用，它是散布知識的有效媒介。而且，當人們面對相似的狀況時，通常先想起的都是故事。」

因此，我就接下了這個認真又困難的案子。我必須努力消化賈許的M膠囊，還要選擇適合且相關的故事；一共花了三年以上的時間，讀了超過兩千則故事，最後才選出這四十四則。

各位親愛的讀者，以上就是你手中這本書的故事。

第 1 章

管理的基本概念

有效的管理觀念／處理員工或顧客的問題與抱怨／將挫折當成邁向成功的墊腳石／把握機會的種子／適時回應情勢，找出適合的策略／為團隊注入正面能量／發揮想像力挖掘潛在商機

1 你的觀念掌握成敗的關鍵

傑瑪與獅子（印度寓言故事）

傑瑪和卡瑪一起去狩獵場打獵，在刺激的遊戲之中，兩個人冒險進入茂密的森林深處。突然間，他們看見一頭雄壯的獅子朝他們而來，獅子見到他們，就大聲吼叫並緩步逼近，準備撲向兩人。

這時，傑瑪靈光一閃，從地上抓起一把沙子，朝著獅子的眼睛丟過去。獅子頓時看不見東西，痛得原地打轉。

獅子因此失去方向感，暫時無法攻擊他們，傑瑪立刻轉頭逃跑，但是卡瑪還站在原地。傑瑪看到後，便朝著卡瑪大叫：「快跑啊，卡瑪，快點逃離獅子。」

「我為什麼要逃呢？」卡瑪問：「拿沙子丟牠眼睛的是你，又不是我。」

—**學習重點**— 對眼前危險視而不見的人注定會滅亡。

「如果感官之門能被完全洗淨，那麼一切事物將以原本的樣貌呈現。」

——威廉・布雷克（William Blake）

故事中，傑瑪察覺到迎面而來的危險，卡瑪的反應卻截然不同，他完全不想逃跑，因為在他的觀念中，自己不需要為別人做的事情負責。

一**個人的觀念和看法，有時候比事實更有影響力**。人們的反應，通常是根據過去的經驗，而不是此刻眼睛所看到或耳朵聽到的事實。相信並非親耳聽見的事，對於真正聽到的話充耳不聞，可能就是卡瑪的行徑如此違背常理的原因。

面對眼前的情境時，觀念會影響我們的反應，因此通常會出現以下情況：

- 過去在其他人身上得到的經驗，會在我們腦中留下某些特定的模式。
- 這些模式形成我們對他人的觀念。
- 既定的觀念，使得我們以特定方式解讀他人的行為。
- 這種解讀會決定我們對他人行為做出的反應。

有許多因素會影響一個人的觀念，像是價值觀、信仰、個性、動機、想法、情緒、過往經驗、學習、預期等，這些因素被稱為認知或心理的過濾器。然而，觀念究竟是什麼呢？觀念是當我們的感官收到訊息時，進行選擇、組織與解讀訊息的過程。除了視覺和聽覺等感官，就連情緒也有此功能，我們會過濾以前的經驗，再針對眼前的事件或情況做出反應。

觀念可能是正面，也可能是負面的，每個人面對同樣的狀況，產生的觀念皆不相同。在商業機構中，每位主管面對事情時的看法也都不同。有個顯著的例子，經常被行銷領域的人拿來說明何謂觀點不同：一位行銷主管前往某國勘查，他的觀點是那裡根本沒有市場，因為大家都不穿鞋子；另一位行銷主管卻認為那裡大有市場，因為大家都沒有鞋子。

在許多領域中，觀念的管理都被廣泛應用，最顯著的，就是應用於政治與選舉陣營。不過，對商界來說，觀念管理也極其重要，尤其是廣告與品牌管理方面，更是影響深遠，其中包括：

- 透過營造出消費者想要的狀態，影響消費者行為。
- 在新產品上市前，營造出對該產品的正確觀念。

- 透過廣告活動，強化對現存產品的看法。
- 競爭對手提出質疑，就會破壞或傷害產品的表現。
- 為產品或服務營造出正確的觀感，強化品牌價值。
- 適當地左右消費者觀念，提升產品的價值。
- 藉由展示成就，給股東留下好印象。
- 處理騙局、醜聞、詐欺等意外事件，會影響公司的聲譽。

觀念管理是攸關存亡且非常複雜的過程。其目標是有意識地進行某些活動，藉此營造出特定觀念。**一位成功的管理者，必須具備了解他人觀念的能力，以及辨識且創造特定觀念的技巧**，這就是傑出領導人與一般主管的差異。

如何有效地管理觀念？

身為主管，應該擁有下列的重要能力：

- 改善自身的軟技能[1]。
- 加強身為領導人，有效協調人際問題的能力。
- 讓自己在團隊成員眼中，是個開明和值得信任的人。
- 在部屬心中，營造出積極正面的形象

在人力資源管理上，了解並管理員工的觀念也相當重要。身為領導人，應當影響員工的表現和行動，以塑造特定的觀念。想要有效率地管理員工的觀念，企業必須做到：

- 創造出積極正面的企業文化。
- 說明正確的倫理、態度及工作表現。
- 創造和諧的企業文化與工作環境。
- 避免衝突和爭執造成的影響。
- 與工會維持良好和諧的企業關係。
- 透過建立勞資雙方的信任與信心，處理雙方的協商。

負面的觀念經常比正面的觀念更加強大，若放任不管，可能招致困擾與糾紛，造成企業的災難，包括：成為企業無法達成目標的阻礙；損害主管的名譽，甚至連立意良善的舉動，都會被認為是負面的；產生不信任他人的工作文化，令員工道德感低落；或是導致謠言、傳聞及溝通不良，損害整個企業的利益。

主管在管理觀念時，最好避免某些事物，例如，不應該用過高的行為標準，去衡量他人；在任何狀況下，過度情緒化，以及試圖操控他人的行動、對人或事情的反應太誇張；或者，收到任何評論或意見時，展現防禦的舉止。

此外，可以適當運用「參考點」。參考點就是一個人判斷是非對錯時，所根據的價值觀、信仰與想法。**每位員工都有獨特的參考點組合，管理者不該以自己的參考點去評斷他人。**

最關鍵的問題來了：我們該如何有效地管理觀念呢？

基本上，觀念管理就是資訊管理，整個管理過程的管道，就是有效率地溝通。主管善用自己的溝通技巧，就能塑造或管理整個團隊的觀念。作法如下：

- 在團隊中營造正確的感覺與情緒。

1 soft skills，指專業能力以外，與個人特質和人際關係有關的能力，如抗壓性、樂觀、同理心、溝通能力、協調合作、個人成長等。

- 根據不同的狀況，加強或削弱特定觀念。
- 透過支持特定的行為，創造良好的經驗。
- 創造開放、願意提出回饋和歡迎建議的氣氛。
- 透過影響部屬的信念，讓他們與主管站在同一陣線。

領導人必須讓部屬和自己的觀念，在合理程度上，達成和諧一致。確保整個團隊擁有同樣的信念，並展現完美的合作，這點相當重要。

實際行動

和同事討論你的決定，看看他對該事的觀念是否與你相符。

2 「看見」不等於真正「理解」

路曼的病人（阿拉伯民間故事《路曼醫師故事集》）

某天，一個病人到路曼的診所，說自己的肚子非常疼痛。

路曼請病人伸出手，開始替他把脈。身為醫學專家，路曼光靠把脈就知道病人的狀況。

檢查病人的脈象後，路曼問：「你昨天晚上有沒有吃扁豆和麵包？」

「有的，先生。」病人回答。

「麵包是不是烤焦了？」

「是的，先生。」他又答。

路曼把助手叫來，讓他在病人的眼睛裡點了些眼藥水。

病人忍不住問：「但是，先生，我現在是肚子痛，不是眼睛。」

「沒錯，你的胃沒有問題，但是眼睛有問題。」路曼說。

病人一臉疑惑，路曼繼續解釋道：「你看到麵包，卻沒有看到它們已經烤焦了，如果你真的仔細看，並且理解自己看到了什麼，就不會吃下烤焦的食物，導致肚子痛了。所以有問題的是眼睛，你的眼睛需要治療。」

—**學習重點**—「表面看到的病狀，可能有更深層的病根。」

——普魯塔克（Plutarch）

「萬物皆有其美，唯慧眼得識之。」

——孔子

《聖經》記載：「所以我用比喻對他們講，是因他們看也看不見，聽也聽不見，也不明白。」（《馬太福音》13：13）

想扮演好主管的角色，就得隨時處在當下，必須真的「看見」自己所見之物，並理解可能產生的後果。否則，就會看不清身邊正在產生的微妙變化。

看見和理解，是完全不同的兩回事，關於看見和理解的重要概念如下：

- 看見是我們雙眼的功能，在非自願狀態下所發生。
- 我們隨時都會看見很多事物，但大多數被忽略了。
- 許多人傾向對眼前事物「視而不見」。
- 你必須看見，才能理解某樣事物，反之則不一定。
- 許多人無法將看見的事物與其含意連結起來。

就像故事中的病人，有些人無法理解目前面對的狀況都是自己造成的。所以，他們拒絕為自己的行為負責，也不接受就是自己的行為，影響了心靈、身體和事業。他們無法判斷自己的問題，並且需要諮商者或專家替他們講解問題所在。但是，當專家正確診斷出問題時，他們又會懷疑，而且隨時能為自己辯駁。

「理解」一詞的內涵是：**只會在我們意識到自己做了什麼，或即將做什麼時，理解才會發生**。它不是自動或自然發生的，而是我們深思熟慮後，經過意識與認知後的決定。透過選擇去了解看見的事物，我們才會開始意識到可能產生的後果。在我們做的眾多事情中，不一定皆是「有意識的」行動。其實，我們經常心不在焉地做事，不太會注意同樣的事物。

舉例來說，試著回想你前天晚餐吃了什麼，如果想不起來，別擔心，將近七〇%的人都回答不出來，他們「看見」自己吃的東西，但是沒有「注意」，然後就忘了。

問題其實來自人類的原始直覺，我們的祖先必須憑藉直覺才能生存，因此看見與理解就變成同時發生的事。舉例來說，如果一個原始人看見獅子的腳印朝某個方向過去，他就不會往那個方向走，藉此避開獅子。但是現代人偏重理性大於直覺，看到獅子的腳印後，可能依舊朝那個方向走，不知道會造成什麼後果。

根據這個故事，主管必須了解因與果之間的微妙關係：

- 事出必有因，沒有事情會憑空發生。
- 如果看到某種結果，表示一定是某個特定原因造成的。
- 我們今天的舉動，會成為明天看到的結果。
- 因為今天的舉動演變成的結果，會繼續造成下一個結果。
- 看到事情表面的初步印象，可能是正確的，但事實絕對不只如此。

因此，主管必須培養下述能力：了解某個現象或意外背後真正的來龍去脈，並回歸到事件的根本，找到正確成因；不能只看表面，必須深入探討完整的事實，之後再採取行動。同時，找到某事件中，可能被隱藏在其他事物背後的真相。

危機總是慢慢累積而成

很多時候，主管明明看見周遭發生的事情，卻沒有意識、也未採取行動，如此一來，過不了多久，即使是小小的疏失，也可能如雪球般愈滾愈大，變成真正的災難，反而得花費大量的時間和精力去解決。

例如，賣場經理看見底下的組長和一名員工大聲吵架，卻對這件事視而不見，並未即時處理，這場意外很可能在員工心中留下傷痕，不滿會持續燜燒，屆時只要類似的意外再次發生，這位經理要處理的，可能就是臨時大罷工了。

不少企業的臨時罷工或激進舉動，往往是一些微小的事情所引起，但是每個意外的背後，一定都有許多小事逐漸累積的過程。**就算是很小的事情，如果擱置不理，就可能變成大意外，然後反撲回來，這類意外經常是因為對小問題「視」而「不見」**。

最近就有一間汽車公司的製造廠員工暴動，他們砸毀公司的資產，甚至還有人毆打主管，這場動亂的主因是公司解雇了一些在職員工，但員工對公司的不信任感則在更早之前就萌生了，由於許多未解決的小事件，逐漸累積而終於爆發。

想要解決這種慢性的問題，主管必須明白以下事實：

- 往往需要更進一步試探，才能找出問題的原因。
- 必須從問題的根本去解決。
- 不治療問題的根本，只治療看到的症狀，就只是表面暫時看來沒事而已。
- 對於根深蒂固的問題，只處理表面的話，可能無法真正擺脫問題，以及防止它再度發生。

即使像曠職這種程度較輕微的問題，背後可能隱藏著員工的道德感低落、工作環境不適合、在工作場所發生衝突，或是對工作或公司沒有歸屬感。

只是加強紀律，不足以真正解決這些看似簡單的問題，想要扮演好主管的角色，就必須了解症狀的真正病因，實際伸手替公司把把脈才行。

實際行動

提升你的知覺，思考五件每天都會看到，但從沒仔細注意過的事情。

3 將問題與抱怨化為轉機

此時此地（阿拉伯智者的故事）

納斯爾丁在自家庭院的樹下休息，他的兒時夥伴亞克朗前來拜訪。亞克朗定居在加拿大，從商多年後，返回家鄉短暫停留。兩個人開心地聊了一會兒後，亞克朗邀請納斯爾丁一起搬到加拿大，並向納斯爾丁保證會竭盡所能幫助他安頓。

「可是我去加拿大要做什麼呢？」納斯爾丁問。

「我可以幫你找貸款，在那邊開一家零售店，一定可以賺到不少錢，兩、三年之內，就可以付清貸款了。」亞克朗說。

「然後呢？」

「然後你就可以賺更多錢，再開一家分店。」亞克朗回答。

「然後呢？」

「然後你就可以繼續賺更多錢、開更多分店，最後就擁有連鎖的零售店，變成有錢人。」

「那之後又會怎樣？」

「接著你還是可以賺更多錢，等到你覺得夠用了，就可以坐下來，輕輕鬆鬆地過著快樂又滿足的生活。」

「不然你以為我在做什麼？為什麼你會想要我遠渡重洋到加拿大，歷經這麼多麻煩，只為了過著和現在一樣輕鬆、快樂又滿足的生活？」納斯爾丁問。

學習重點 「活在當下，是滿足的最佳方法。」

——馬可．奧里略（Marcus Aurelius）

「不滿的顧客是你最好的學習來源。」

——無名氏

問題與抱怨是任何商業機構常有的問題，對主管而言，處理各種問題與抱怨，更是日常事務中少不了的環節。在故事中，納斯爾丁的話突顯「此時此地」的生活，比未來的遠大計畫還要重要。同樣地，處理問題與抱怨也必須把握「此時此地」。通常會出現問題與抱怨，可能有以下原因：工作程序出錯；生產力不穩定或故障，產出品質不一致；工作時程耽擱延誤；員工態度不佳，或行為舉止粗魯不得體。

顧客的抱怨則可能導因於：產品或服務有瑕疵，產品故障等；指定商品寄送延誤或未寄出；太晚處理客戶的要求；或者超收款項、誤導銷售、錯誤的商業實例等。

不管公司運作得多好，都可能收到抱怨，這時一定要妥善處理，否則嚴重時，可能導致關係破裂。如果沒有在合理的時間內，解決顧客的抱怨，可能會引起顧客不滿。**立即處理抱怨，也就是把握「此時此地」，不僅可以安撫不滿的顧客，更可能讓他們轉而產生好印象。**

主管必須了解，抱怨是顧客提供的回饋，表示顧客對我們的產品或服務有不滿意的地方。除非有明顯的不滿因素，否則先不要妄自臆測。而且抱怨是顧客替我們上的免費一課，可以幫助我們了解自己的弱點與不足之處，應該以歡迎的態度接受，當作學習如何改善服務的機會。

然而，有些主管卻經常把抱怨視為大麻煩或妨礙，對抱怨的顧客懷有敵意。把抱怨當作是針對個人的攻擊，認為顧客批評他們的工作狀況。因此，採取防衛的態度，試著撇清或反駁，藉此逃避客戶的抱怨，認為顧客的抱怨是在浪費他們寶貴的時間。

這類主管必須理解：**會提出抱怨的顧客，才是真正有意願和公司繼續建立關係的人**。如果顧客已經不想和這間公司往來，會直接掉頭去找他們的競爭對手，根本不會告知不滿的原因。

研究顯示，五八%的顧客都是因為不滿意服務，才轉向其他競爭對手。同時，提出抱怨的顧客中，大約有七〇%的人表示，若是他們的抱怨能被圓滿解決，就願意給予該公司第二次機會。

問題與抱怨不會憑空消失

抱怨可以教導我們一些極為重要的事情，分析為什麼會出現這樣的抱怨，協助我們找出該處理的部分，避免往後再遇到同樣的問題。這些經驗非常重要，可以幫助我們改善產品和作業程序，進而提供完美的客戶服務。

每個機構都應該有健全的顧客抱怨處理機制，強調接受顧客抱怨時，要用有效率、有效能的方式，以及友善的態度去處理，參考步驟如下：

- 以開放的態度接受抱怨，如果當下客人情緒很激動，要先讓他穩定下來，可以的話，倒杯水、咖啡或茶給他。
- 專心聽不滿的客人說話，理解其事件、情緒和擔憂。
- 不要打斷客人說話。記住，顧客就像國王，國王可不喜歡說話時被打斷。
- 重述顧客的抱怨，確認你的理解是否正確。
- 從顧客的角度，設身處地去體會他的感覺。
- 不要急著防衛或試圖解釋自己的立場，這樣可能會令客人更生氣。
- 告訴他，你打算在什麼時間範圍內、如何解決他的問題。

- 不要承諾你不確定的事情。有必要的話，和你的主管討論。
- 答應的事情一定要做到，並且主動通知客人。
- 過一段時間之後，要追蹤後續狀況，確認客人完全滿意你的解決方式。

就和處理抱怨一樣，處理問題的關鍵，也是需要即時處理。然而，部分主管有所謂的「鴿子症候群」——當鴿子看到貓時，把眼睛閉起來，認為這樣一來，貓就會消失，不過，貓當然沒有消失，最終還把鴿子吃了。

同樣地，有些主管會覺得，如果假裝沒看到問題，時間久了，問題就會消失。當然，如果問題微不足道，或只是暫時性的問題，有時的確會隨著時間消失。但絕大部分的狀況是，問題逐漸演變得更嚴重，若是企圖掩飾，當作沒事發生，只會導致更棘手的後果：

- 被忽略的問題不會自己消失。
- 問題會逐漸擴散，受波及的範圍會更大。
- 若沒有妥善處理，小問題也會成長為巨大的問題。
- 採取忽視態度的主管，最終一定會嘗到苦頭。

• 可能會失去個人名聲、信譽，甚至丟掉工作。

在商業世界中，一定會發生問題，因此企業才要雇用主管來處理問題，而主管必須正面應對，有效率地解決問題，如果視而不見，即使是小事也可能衍生大災難。

有個實例是，一間知名摩托車製造商的工廠員工，發起了無限期罷工，這次罷工持續將近兩個月。原因是員工對薪資和許多事件感到不滿，然而管理階層卻長期漠視這些問題。本節的故事還帶來另一個重要的教訓，就是在規劃未來時，主管也絕不能忽略「此時此地」，也就是「朝向哪裡、如何做到」的基礎。

實際行動

制訂一個詳細的行動計畫，提出如何減少你面對問題與抱怨的反應時間。

4 — 處理挫折的成功者思維

較輕的災難（喀什米爾地區民間故事）

國王準備舉辦盛大的慶生活動，因此頒布命令，任何人只要帶生日禮物給他，都可以得到豐厚的回禮。

一位貧窮的農夫聽到消息，因為想要得到豐富的賞賜，便從自己的田裡，裝了一袋長得特別大的馬鈴薯，準備當作國王的生日禮物。不過為了慎重起見，他先去詢問鄰居的意見。鄰居告訴他：「馬鈴薯並不是適合送給國王的禮物，給他一籃葡萄好了。」

於是，農夫改帶一籃葡萄給國王。國王吃了一顆後，發現葡萄還未熟透，吃起來又酸又澀。生氣的國王便命令侍衛，將整籃葡萄一顆一顆丟到農夫頭上。當葡萄打在農夫頭上時，農夫笑了起來，只要被葡萄打中，他就會大聲地說：「願神祝福我的鄰居！」

國王看到農夫的奇怪舉動，便叫他解釋。

農夫說：「我祝福我的鄰居，是因為他太有智慧了。他建議我不要贈送那袋碩大的馬鈴薯，改送一籃葡萄來。我笑是因為想到，如果現在打在頭上的，不是這些小而柔軟的葡萄，而是馬鈴薯，會是什麼後果。」

國王被農夫的回答逗樂了，便賞給他豐富的禮物。

—**學習重點**— 真正有智慧的人，在危難中也能看到好的一面。

「通往成功的道路總是在維修中。」

——阿諾・龐馬（Arnold Palmer）

故事裡的農夫很快理解到，如果送給國王的是一袋馬鈴薯，那麼面對的災難可能會嚴重許多，因此他滿心歡喜，並且祝福給予好意見的鄰居，讓他免於承受更大的災禍。

災禍和意外都是生活中的一部分，商業機構同樣也會面臨這類事件。企業遇到的挫折，可能會以環境困難、災難、產品瑕疵、情勢驟變、法律問題等樣貌出現。

產生的原因，可能是某些行動的結果不如預期，也可能因為沒有把握行動時機，導致企業無法達到理想目標。然而，藉此可提供企業一個機會，檢視哪裡出了錯，該如何預防和避免，也能讓主管增加從錯誤中學習的經驗。如果採取正確的處理方式，可能就會轉化成好處回饋。

在個人的生活中，災禍同樣會導致失望、沮喪與混亂，面對這種挫折時，一般人可能會採取兩種方式應對。第一，是消極的方式。這種人會抱怨運氣不好，把挫折歸咎於自己或他人，拒絕接受挫折帶來的學習經驗，通常他們會問的典型問題是：

- 為什麼只有我受到責難？
- 我做了什麼，要受這種折磨？
- 接下來還會發生什麼事？
- 為什麼老是發生在我身上？

第二，是積極的方式。這種人會把挫折當作學習的來源，他們會看見災禍中的積極面，把挫折視為改變的機會。如果災難可能更加嚴重，但事實上並沒有那麼糟糕時，他們會感到慶幸。這類人則會問以下問題：

- 發生什麼事？
- 過程中哪裡出錯了？
- 我從中學到了什麼？
- 該怎麼做才能避免再發生？

企業處理挫折的方式，也可分為消極和積極兩種。採取消極的方式，背後的想法就是：挫折就是挫折，沒有任何好處可言；對企業運作只有負面的影響，從困境、失敗、挫折中有什麼好學習的；如果發生意外，就必須揪出為此負責的人，並且要他解釋；同時，必須給這些人嚴厲的懲罰，讓其他人引以為戒。

這種處理方式通常會導致獵女巫般的舉動，有些員工被懲罰或解雇，然後事情就這樣結束，不去學習如何改善工作程序或方式。遺憾的是，光是揪出錯誤，本身並沒有太大的意義，至於給予懲罰，就像是等蛇離開後才在鞭打樹叢。

積極的處理方式則是認識到，儘管遭遇災禍困境，這些挫折仍有正面的意義，並被視為需要調整行為的訊號，接受挫折是改善我們工作方式的機會。這種處理方式背後的想法是我們應當感激挫折，因為它讓人注意到自己不足的地方。挫折給我們機會重新檢視策略的功效，可以被當成轉捩點，將企業帶往不同的方向，還能從每次的挫折中學到教訓，持續改善我們的策略。

根據在挫折中學到的經驗，對策略進行微調和修改，甚至拋棄或重新設計。而對於採取行動，防止重大災禍發生，或降低災害影響的員工，應該給予適當的獎勵。

將挫折當成邁向成功的墊腳石

在現代浮誇炫耀的風氣中，要採取第二種積極的方式，需要極大的勇氣。**一個人必須很有膽量，才敢於出面承擔錯誤。**

說到要承認錯誤，誠實突然就不是大部分人尊崇的美德了。沒有人會想擔起過錯的責任，每個人心裡都覺得「最好是別人，不要是我。」

挫折應該被當作暫時的失敗，沒有什麼大不了。而失敗不過是學習的正常過程罷了。愛迪生發明燈泡的過程中，失敗了一萬次，他的助手還特地記下那第一萬次失敗。據說愛迪生本人是這樣評論的，他現在知道了一萬種不能做出燈泡的方式。大家也都知道，愛因斯坦在證明自己跨時代的方程式 $E=mc^2$ 時，可是在商標局擔任最基層的工作。

積極的處理方式的基本理念是：贏家不會輕言放棄。面對災禍、失敗和挫折時，還能堅持下去的勇氣和能力，正是成功的領導人和企業，與平凡人的不同之處。

只要採取正確的處理方式，企業就可以將挫敗轉變為墊腳石，將它們引導至正確的方向，繼續邁向成功。建議各位處理挫折時的程序如下：

- 分析失敗的原因，查明是什麼出錯、為何出錯。

- 找出造成問題的根源。
- 挑出策略或計畫中的弱點。
- 如果當初做了什麼，是否就不會發生這種狀況？
- 有什麼應該做，卻沒有做到的事？
- 從挫折中找出學到的東西，分析是否可預防災害再度發生。
- 提出可用的解決方案，將挫折轉變為回饋。
- 挑出最佳的方案，制訂實際行動的計畫。
- 落實該計畫，並且隨時追蹤狀況。

挫折提供了改變的機會，若企業遭遇失敗後，能夠有效地調整運作方式，就更有機會存活下去。

實際行動

分析人生中遇過的某個挫折，檢視你可以從中學到的東西。

5 麻煩與機會只是一線之隔

機會還是厄運？

一間報社雇用了一名新手記者。過了幾天，總編輯把這名新人叫過去，指派他到附近港口的海軍船艦上，採訪海軍日慶典活動。幾個小時後，新人回來了，並向總編輯報告，沒有任何值得報導的活動。

「發生什麼事了？」總編輯問。

「遇到了一點麻煩，船上的鍋爐室爆炸，把船的底部炸出一個洞，大家都忙著填補那個破洞，所以海軍日的慶典就取消了。」

憤怒的總編輯吼道：「噢！你這個笨蛋！你居然看不出這所謂的『麻煩』當中，有絕佳的機會，這可能是你的第一則重要新聞報導，而且還可能會是我們明天首頁的頭條。」

學習重點——每個問題當中都有機會的種子。

「一個人成功的祕訣，就在於機會來臨時，他已經準備好了。」

——班傑明．迪斯雷利（Benjamin Disraeli）

商業機構經常會遇到各式各樣的狀況，主管們可能將遇到的狀況當成麻煩或機會，而到底傾向哪一種，取決於他所採取的觀點。在同樣的狀況中，有些主管會覺得遇到天大的問題，有些則將其視為絕佳的機會。

主管必須分析眼前的問題，才能看到隱藏其中的機會。只要採取正確的態度和方法處理，麻煩的問題也可以被轉化為機會。過去就有無數例子，具備創新精神的企業家，把各種危機轉變為絕佳的機會；許多新產品就是創新者從麻煩之中，看見了機會的種子，才研發出來的。

今天有許多蓬勃發展的生意，就是從對付棘手問題中興起，例如：因為帶太多現金在身上造成的麻煩，使得信用卡隨之誕生；沒有銀行帳戶，又想把錢從一個國家轉到另一個國家，於是匯款公司產生；傳送大量影音訊息相當麻煩，使得行動裝置的通訊 App 開始發展，就像 WhatsApp。

任何企業的興起，麻煩的問題都是不可或缺的因素。面對並解決問題，才能讓企業繼續生存、茁壯與成功。問題帶來機會，讓企業可以透過找出自身的不足與缺點，進而改善工作方法。**解決問題，也能提升主管的專業技巧與能力**。事實上，那些具備卓越能力，可以將問題轉變成機會的主管，在任何企業中都是享有高薪的人。

關於麻煩的問題，蘊藏著這些可能性：

- 每個問題都替企業提供了特殊的機會。
- 沒有解決的問題，可能成為企業將來未知的麻煩。
- 問題給我們機會改善自家的產品和服務。
- 只要採取正確的途徑，問題就能被轉化為機會。
- 每個問題之中，都蘊含著機會的種子。

關鍵在於我們如何看待問題，每個人會有不同的處理方式。舉例來說，若一項產品的收益，呈現一定幅度的持續下降，可能的處理方式如下：

- 將該產品標示為解決不了的問題，並且準備淘汰。
- 針對產品的設計和結構再創新，提高在市場上的吸引力。

- 審慎評估該產品的定位，並強化其市場關連性。
- 突顯與其他產品的區隔，提升對正確消費族群的吸引力。
- 重新評估產品特色，找出新的用法或市場。

這些處理方式，尤其在一間公司面對週期性衰退，而且市場動盪不安時，最能看出各個主管的特質。他們可能會把衰退視為威脅公司存亡的危機，或是調整產品和服務的機會，更加配合改變後的消費者行為；或者，當成透過適當調整公司運作的系統或程序，改善公司效能的機會。

對於週期性衰退引起的動盪，若能採取積極的方式處理，企業必定能夠生存且逐漸壯大。

在每個問題之中發現機會

關於機會的重要事實是：機會總是以別的樣貌存在，幾乎每天都會出現在身邊，只是我們可能看不見。而人生充滿了機會，即使是意料之外的機會也可能降臨。**最重要的**

前提就是，當機會出現在身邊時，你得認出它來。然而，辨認機會的能力，也和我們的態度有關係。悲觀主義者在每個機會裡都看到問題，而樂觀主義者則在每個問題裡看到機會。

機會就像一個頭頂有頭髮、後腦勺卻是禿的人，當機會面對你的時候，你可以抓住他的頭髮，但若是轉身背對你，想抓也抓不到了。然而，人往往等到機會轉身背對自己時，才認出它是個機會，但這個時候，機會已經離去。

身為主管，你可能無法及時認出絕佳的機會，然而，若是主動尋找新的機會，又是另外一回事了。沒有多少主管會在工作領域中，實際去尋找新的機會，原因可能是，公司原本就沒有把「辨識出新的機會」當成主管的基本工作要求，特別是比較初階的主管。結果，這些主管辨識機會的能力就一直停滯不前。

真正的領導人，特色之一就是能將麻煩的問題轉變為機會。麻煩總是與各種隱藏的力量一起出現，真正的領導人有能力把握這些力量，並且把問題帶來的負面力量，轉變為高度集中、正面積極的動力。然而，在各種企業中，很多領導人都沒有這種能力。

跟著以下順序思考並練習，就能將問題轉變為機會：

- 辨識問題。探究其成因，並且找出哪裡出了錯。

- 接受問題。假裝問題不存在是沒有助益的。
- 探索不同的解決方案，列出所有可用的選項。
- 從要把問題轉變為機會的角度，檢視各個解決方案的可行性。
- 選出現有的最佳選項，琢磨出完善的細節。
- 和你的主管（們）或董事會討論，尋求必要的支持。
- 擬出行動計畫，指派任務並設定期限。
- 執行計畫並仔細監督。

企業必須鼓勵主管努力成為企業家，應當鼓勵並激發他們提出創新想法，將問題化為機會。而在企業中，應該也要把辨識新機會，當成各階層管理者的專業表現領域。

實際行動

找出工作領域中現存的一個問題，想想看怎麼將它轉變為機會。

6 學習面對無所不在的困境

核桃或南瓜（《路曼醫師故事集》）

路曼輕鬆地坐在核桃樹下休息，享受清涼的微風。突然間，一顆成熟的核桃掉下來，打在他的頭上。路曼痛得大叫起來，對著上天大喊：「神哪，我做錯了什麼，要承受這種痛？」

然而，就在他抬起頭對上天說話時，才發現有條南瓜藤蔓攀附在核桃樹上，一直延伸到樹頂。藤蔓上結了果實，好幾顆碩大的成熟南瓜就掛在樹頂上。路曼不禁想，剛才打到他的果實，如果換成南瓜的話，會發生什麼事。想到可能發生的嚴重後果，令他忍不住一顫。

於是他立刻慶幸自己的運氣好，並且跪在地上，為自己剛才的言論向上天道歉，並且感謝神的仁慈和恩典。

—**學習重點**— 不論遭遇什麼不幸的意外，都有其正面的意義。

「所有困境都蘊藏著更大的優勢。逆境之中才能產生機會。」

——班傑明・富蘭克林（Benjamin Franklin）

這個故事提供了深刻精闢的一課，路曼因為發現自己承受的後果，相對來說程度較輕，立刻轉為感謝上天。當我們遭遇困境時，第一個反應通常是責怪上天、運氣、環境或其他人，這就是普遍現象，主管的反應也與一般人無異。

其實無論是個人或職場生涯中，大家都會碰到許多困境，比方說：發生預料之外的事情或實際狀況沒有按照計畫進行，**即使計畫已相當完善，仍可能臨時遭遇困難**。在實現理想目標的過程中，可能遇到阻礙和失敗，有失去某些重要事物的威脅；或是突然發生意料之外的變化，導致沮喪失望，乃至狀況改變，使得人際關係出現壓力。

企業也經常會遇到所謂的困境，通常是以重大災害、嚴重損失、產品瑕疵、利益衝突、週期性衰退、法律糾紛等形式出現。而企業面對的各種不良狀況，通常起因於：

- 執行上的疏失導致策略失敗。
- 在商業計畫中，對時機和合適性的判斷錯誤。

- 需要採取緊急行動時卻未行動。
- 忽略市場裡的顛覆性技術發展。
- 法律或國家政策突然改變。
- 長期漠視專業領域中的情勢變化。

主管可能會抱怨這些困境或阻礙，通常他們的第一個反應，就是責怪某些人。但是抱怨或責怪他人都沒什麼用，主管們應該要了解，逆境可以有正向的意義，也可能帶來好處。它可以提醒我們改善目前的運作方式，若能堅定地面對，可能就會發現絕佳的機會。而且能確保我們的成長，並且讓我們更有彈性地對抗挫折，加強自身的管理與策劃技能，獲得處理艱困狀況的實際經驗。

困境能讓企業挖掘新的機會

美國有句俗語說：「凡殺不死你的，就會讓你更堅強。」每次逆境都是機會，讓人反省哪裡出錯，同時仔細思索事情該如何修正。只要有正確的見解、態度及合適的策略，任何困境都可以被轉變為最佳的機會。

宜家家居（IKEA）就有這樣的實例。在公司初營運的前幾年，就面臨瑞典的國家家具交易協會杯葛，該協會對會員施壓，要大家停止供貨給宜家家居。它們認為宜家家居的便宜價格，會威脅整個瑞典的家具產業。然而，其創辦人英格瓦・坎普拉（Ingvar Kamprad）將這個困境轉變為機會，公司轉而使用波蘭供應商的產品，並且改變產品設計，使其便於搬運，藉此降低運輸的價格。最後，成功地只用原先一半的價格，銷售波蘭製造的高品質產品。今天，宜家家居在全世界五十九個國家開設分店，服務超過十億名消費者。

宜家家居將眼前的困境轉變為機會，而這件事讓我們知道，帶著勇氣與決心面對挑戰，就可以將逆境轉變為機會。只要弄清楚什麼地方出問題，並且尋找多種解決方案，就能有效地掌控狀況。再透過適當地調整公司策略，便可將困境轉變成優勢。

由此可知，**逆境應當被視為重新審視公司策略的機會**，它是個本來就該發生在此時的事件，目的是讓人確認現行策略的效率，是否確實朝著公司設定的目標邁進。

公司施行的策略，有時沒辦法朝著理想目標前進，這種有瑕疵的策略，就需要一些調整，使其更加符合市場狀況的改變，以及企業運作環境中的重大發展。調整之前，得先尋找以下問題的答案：

- 策略的哪個環節出錯了？
- 該策略最初是正確的嗎？時機是正確的嗎？
- 策略失敗是因為外在因素嗎？
- 有沒有任何重大的內在因素導致該策略失敗？
- 一切都被正確地執行嗎？如果沒有，誰該負責、該負多少責任？
- 有什麼本來該做卻沒做的？
- 這個策略的失敗，能學到什麼教訓？
- 需要什麼樣的調整，才能讓策略可行？
- 策略是否全面失敗，需要提出替代方案嗎？
- 如果需要替代方案，新的策略要如何取代它？

問對問題，才能夠為企業找到正確的解答。這些答案能讓領導人適當地調整策略，將公司發展導引至正確的方向。成功的企業會使用有組織的方式，尋找上述問題的解答，定期修正施行中的策略。

企業必須決定哪些策略需要改變，而這些改變又得達到什麼效果，才能符合公司當下最重要的目標。根據情勢不同，可能要從以下兩個方面改變。

- 行銷策略方面：
  1. 商品的推廣與定價。
  2. 策略的區隔和分割。
  3. 產品的滲透和填補策略。
  4. 產品重新定位。
- 營運策略方面：
  1. 調整供應鏈的設計。
  2. 改善運作效率，降低消耗量。

請注意，這並非詳盡的清單。想要有效率地解決困境，溝通是非常重要的一環。在艱困的時刻，謠言、困擾、衝突和混亂都會特別猖獗，適當地調整溝通方式，可以管理負面的想法，保持員工的道德感與主管的信心。

然而，**在解決困境時，最重要的還是管理者的高度責任感，必須對情勢有所回應。**

最後，快速地調整出適合的策略，並且有效率地實施新的策略。

實際行動

如果你當前的策略，沒有達到想要的結果，使用先前的幾個問題，分析此策略的有效性。

7 駕馭想法的力量

修道者與牧牛人（《梵文故事集》）

牧牛人在森林中放牧他的牛隻，一位修道者正好從旁邊經過。牧牛人為了表示敬意，就給了他一些新鮮的牛奶。修道者非常開心地說：「牧牛人，我能為你做些什麼呢？」

牧牛人希望修道者可以教他靜心冥想。修道者沒有料到一個未受過教育的牧牛人，竟然會提出這種要求，於是就想開個玩笑。修道者問他：「在這個世界上，你最愛的是誰？」

牧牛人回答：「我最愛的是我的水牛。」

「那就是這個了。」修道者指向附近的山洞，告訴牧牛人：「去那個山洞裡面，坐下來閉上眼睛，在心中重複念這個口訣『馬西哈嗬罕』。我傍晚會過去察看你的進度。」在梵文中，馬西哈的意思是「水牛」，嗬罕則是「我是」，這句口訣真正的意思為「我是水牛」。

牧牛人遵照指示，開始默念口訣。到了傍晚，修道者回到山洞口叫他出來。

「但是我要怎麼出去呢？」牧牛人問：「我的身體變大了許多，而且頭上的長角卡在洞壁上。」

修道者非常驚訝，他沒有想到這傻傻的牧牛人竟然單憑一句口訣，將集中思考的強大力量發揮到這種程度。修道者非常佩服牧牛人的專注力，立刻把真正的口訣告訴他。牧牛人開始念新的口訣，而且在很短的時間內，就成為神所關注的人。不久之後，連這位修道者也成為他的信徒。

—**學習重點**— 專注的思想有極為強大的力量。

「不論你覺得自己能或不能做什麼，你都是對的。」

——亨利・福特（Henry Ford）

笛卡兒曾說：「我思，故我在。」這句話揭露了人類歷史上最偉大的真相，如果稍微改寫成「我思，故我成就」，會顯得更加真實，這句話可以推斷出以下論述：

- 我們的思想造就我們成為怎樣的人。
- 我們人生的結局，是自己的想法持續下去的最後成果。
- 我們的成功端靠自己的思維。
- 想著我們終將一事無成，那麼就真的什麼也做不成。
- 透過形塑自己的思想，可使喜悅和成功相伴左右。

古印度的哲人們非常善於控制與調整自己的思想，透過靜心與冥想，他們可以完全駕馭思想的力量，並且調整自己的想法，應用到任何希望創造的實相上。在現代社會中，許多西方的思想家也發明出細緻的技巧，以掌握思想的力量，獲得財富、成功、權力，或是任何希望得到的東西。拿破崙・希爾（Napoleon Hill）在他的著作《思考致富》（*Think and Grow Rich*）和《致富的萬能鑰匙》（*The Master Key to Riches*）中，便提供了相關的技巧。

美國思想家查爾斯・哈奈爾（Charles Haanel）被公認是第一位發展出完整的「思想控制計畫」，進而取得財富的人。在他一九一六年的著作《萬能金鑰》（*The Master Key System*）中提出：世界上的所有東西，都是先存在於人類的思想之中。接著，才將想法創造與製作出來。想要得到的東西或情境，都得先在腦中創造出來。在這種認知下，思想也算是一種「東西」。

我們每個人都可以透過思想塑造自己的命運。雖然和許多人的理念不同，然而實際上，我們的命運並不是由運氣或神所創造，也不是生來就注定，亦非被其他人控制、塑造、操控，或者被環境和際遇所影響。

事實上，命運是我們自己所創造。吠陀學者施化難陀（Swami Sivananda）曾清楚解釋這個現象，他認為生活中一連串的行動與反應，會導致一系列的事件，一切都是由思想開始，以命運為終結。施化難陀提出：我們的想法形成理念，理念創造出價值觀；價值觀形成態度，態度養成習慣。習慣創造出傾向，傾向導致行為，行為最終決定我們的命運。

從這段程序可看出，命運不過就是從想法開始。「施化難陀鏈」可以簡單表示如下：

想法→理念→價值觀→態度→習慣→傾向→行為→命運

然而，上述現象到底是如何發生的呢？科學研究證實，所有的想法都帶著能量，而所有的能量都是力量。愛因斯坦證明出的「質能等價」說明如下：

- 物質和能量互相連結，而且可以互相轉換。
- 所有能量皆為不滅，能量不會消失。
- 如果某樣東西被毀滅，它只是改變了型態，從物質轉變為能量。
- 能量慢下來時，就會形成物質。

現代醫學也提出想法會在腦中形成能量波動。這股能量會刺激某些賀爾蒙分泌到人體中，賀爾蒙是好是壞，就看我們的想法是積極或消極。賀爾蒙分泌的量，取決於我們的念頭有多強烈。這些賀爾蒙會導致身體中某些化學物質升高或降低，而身體中的化學物質則驅使我們做出某些行為。

由此可見，想法會導致某些行動，也就是如施化難陀所說，最終決定命運的，就是我們的思想。

成功的領導人應該為團隊注入正面能量

我們生活的世界是三度空間，但人類也能感知第四度空間，那就是我們的心智。我們的心智能夠讓我們達成想要實現的目標，實現我們希望在生活中發生的美好情境，並讓所有我們渴望發生的事情發生，以及成就我們的志向、抱負和夢想。

唯一的要求是，**必須有強烈的欲望**、**極大的信心**，**以及將思想聚焦在達成目標的能力**。透過將我們的思想、能量和想像力，集中到希望實現的事情上，就真的能夠達成。

這個定律與主管階層也具有高度相關性，主管必須堅定不移地相信能量不滅定律，同時了解：

- 將能量投入到激勵團隊中，乃是絕佳的投資。這項投資獲取的附加價值，絕對不會被浪費掉。

- 消除團隊成員之間的負面氣氛，可以打造出表現卓越的團隊。
- 創造正面能量，就能讓團隊成員集結正面氛圍。
- 正面的氛圍可以繼續製造更多正面能量。
- 帶著正面能量的團隊，表現會格外卓越，對這樣的團隊而言，極限並不存在，一切都有可能。
- 聚集負面能量，就會消磨掉團隊成員之間的正面能量。
- 負面能量會讓團隊成員做事沒有默契，導致表現不佳。

優秀的領導人可以藉由為團隊注入正面能量，將員工轉變為能量滿滿的發電機。**當成功的領導人接手一個消沉或失敗的團隊時，他們最先注重的，就是消除團隊因過去的失敗經驗遺留下的負面能量。**光是這麼做，就等於成功了一半，整個團隊的關係和氣氛會改變，他們開始充滿正面能量，並有所表現。而這就是一個傑出領導人該具備的技巧和能力。

因此，主管應該練習控制與調整思想中的能量，不管面對怎樣的阻礙和挑戰，都必須積極思考。這一點聽起來好像很困難，但只要定期練習，絕對可以達成。成功的主管都有「絕不輕言放棄」的特質，主管只要發揮正面思考的力量，最終必定能駕馭且隨心所欲地使用它。

實際行動

將注意力集中到想要做出的改變上，體會那種改變正逐步進入你的身體。

8 — 以想像力擴大你的格局

如果要想像（阿拉伯智者的故事）

納斯爾丁經過市場，看見一個乞丐做著奇怪的動作。乞丐正坐在路邊吃麵包，每撕下一小塊麵包，就會舉起它，對著左側的店家揮一揮，揮舞幾秒鐘後才吃下去。納斯爾丁按捺不住，上前詢問：「這位朋友，你為什麼要這麼做呢？」

乞丐回答：「因為今天我沒有任何東西可以搭配麵包，所以就把麵包對著那間醃菜店揮一揮。一面揮，一面想像醃菜的香氣和滋味附在上面，當作我吃的是夾了醃菜的麵包。」

「你這個笨蛋。」納斯爾丁說：「如果你要想像，為什麼不朝著右邊那間飄出烤雞味道的店揮舞呢？比起醃菜，沾上烤雞香氣的麵包，一定會更好吃啊。」

—**學習重點**— 如果要想像，就想像更好的事物。

「邏輯可以帶你從A到B，想像可以帶你到任何地方。」

——愛因斯坦（Albert Einstein）

想像力是人類特有的能力，世界上沒有其他物種具備這種能力。人類的想像力是所有科學和技術發展的初始，今天我們生活中享有的物質，都是人類想像力的產品。

想像力是所有創新的源頭，物質發明與發展的歷史中，處處可見企業家發揮創意與想像，創造極佳的商業機會的實例。許多新產品的誕生，都是以現有的產品為基礎，發想全新及更有創意的用途。例如，拉鍊最初是用來封住大捆棉花，後來才有人發揮想像力，將這項產品革新，運用到服裝和行李箱產業中。

故事裡的納斯爾丁，提供了一些富有深意的訊息，即是：

- 不管做什麼，都要運用想像力。
- 想像的時候，需要努力想像更好的事物。
- 不要讓想像侷限於世俗、小規模和平凡的事物中。
- 訓練你的頭腦去想像更大規模、出眾且脫俗的東西。

事實上，**主管們較常運用邏輯、資料、數據和圖表，鮮少使用想像力，使其失去創意與革新的敏銳度**。這類主管很少提出新的想法，因為只使用邏輯和資料，沒辦法帶出新的商業概念。

主管們必須使用想像的能力，否則最終會失去它。「用進廢退」是達爾文學說中的名言，誠如進化論中提到的，有些動物因為不再使用某些器官，所以該器官就退化了。這項理論一樣適用於人類，想像力就是人類的重要能力，必須經常使用，但是有許多主管並不常使用這項能力，也不將想像力運用到專業領域之中。他們不去想像如何在目前做的事情裡，創造附加的價值；不使用想像力去改善產品、服務或流程。

有些主管甚至沒意識到有更好的做事方法，除非有個「納斯爾丁」剛好發現並指出。層級較低的管理者，通常接手的是比較不需要發揮想像力的工作，侷限於例行公事，或已被規定好的決定。結果，他們的思考就被制約，等到被拔擢到較高的職位時，已經失去了發揮創意想像的能力。

傑出主管和平凡主管的不同，在於前者能靈活運用想像力。因此，想成為一名成功的主管，應保有以下特質：

- 勇於作夢。夢想愈大，該領導人就愈成功。

• 有願景。想像未來應該或不該是什麼模樣。
• 努力工作，實現願景。
• 願意接納不正常、不平凡，甚至不可能的想法。
• 精通讓想像力盡情馳騁的藝術，藉此得到新的想法。

利用想像力挖掘潛在商機

愛因斯坦說過，知識是想像力的產物，可見想像力的重要性。管理大師彼得・杜拉克（Peter F. Drucker）則說，知識就是商業本身，一個企業表現的就是知識，但是若沒有想像力，知識就發揮不了作用。在商業的本質中，知識是員工擁有的各種技巧、技術和能力，乃是透過教育和經驗所獲取，然後集結這些知識，運用到實際目標上。

以適當目標將擁有的知識集結起來，對企業而言極為重要。在最佳狀態下，知識可以被有創意地運用，如果企業重視這點，並且持續地實際操作，將會產生最佳結果。不僅能為顧客創造最佳的附加價值，還能幫助簡化程序，提升效率；同時，提升企業與顧客間的互動，並強化企業各方面的價值。

企業必須營造一種充滿創意的文化，讓主管充分發揮想像力。所以，要將原先的舒適氛圍，轉變為創新的氛圍，如此就能完全發揮員工潛力，因此要鼓勵員工：

- 運用想像力解決問題和困境。
- 集結關於產品與程序的創新想法。
- 提升顧客滿意度，縮減回應的時間。
- 探究做事的方法，找出更好、更簡單的方式。

如果放開限制，藉由想像力就能讓想法源源不絕地流出，然而有意識地控制想像力仍有其必要，可以確保焦點不會轉移，也才能徹底發揮潛意識蘊含的能力。

為了長久經營，企業必須鼓勵主管運用想像力，找出新的商業機會。像這種「需求的空白區」，通常存在特定顧客較小或較零碎的需求中，而這些空白區正是絕佳的機會。辨識出這些需求，才能把握潛在的商機，比對手更早行動。

以下問題可以作為催化劑，幫助主管發揮想像力，辨識出夾帶大量商業潛力的「需求空白區」，包括：

- 我們的顧客想要什麼目前市面上沒有的東西？

• 我們有足夠的資源和技術，提供顧客想要的東西嗎？
• 顧客已經準備好接受我們計畫推出的新產品了嗎？
• 現在是推出新產品的好時機嗎？顧客可能有什麼反應？
• 這項產品真的可行嗎？該如何確認？

主管可以藉由這些問題刺激想像力，獲得潛在商業機會的洞見。如果已經明白「為什麼要這麼做」，那麼「該做什麼」和「如何做」也就能輕易解決。

實際行動

從你的例行工作中找出一個任務，想像如何讓它變得更簡單且更好。

第 2 章

管理人力資源

促使員工離開舒適圈／將員工放到正確的位置上／釐清組織裡的各個角色／設計良好的表現衡量標準／提高員工對公司的忠誠度／善用專業人員／鼓勵新手主管效法好模範

9 有效的訓練能開發員工潛力

訓練獵鷹（禪宗故事）

有位臣子送給皇帝兩隻雄壯且年輕的獵鷹，皇帝將牠們交給首席的獵鷹訓練師去鍛鍊。

一個月之後，這位首席訓練師回報：「陛下，其中一隻獵鷹的飛翔姿勢已經相當美妙，但是另一隻獵鷹從到這裡後，就一直待在同樣的樹枝上，動都不動。我已經盡了最大努力，還是沒辦法讓牠飛。」於是皇帝命令他繼續嘗試。

過了幾個月，這個狀況依舊毫無改善，皇帝便宣布，只要有人能讓坐著的獵鷹飛起來，就能得到獎賞。許多獵鷹訓練師前來嘗試，但是都失敗了。

某天，一個農夫前來覲見皇帝，請求皇帝允許他也嘗試看看。皇帝雖然懷疑他的能力，但還是同意了。

隔天早上，在皇宮的庭園內，皇帝看見兩隻雄壯的皇家獵鷹翱翔於高空中。皇帝把首席獵鷹訓練師叫來，訓練師報告說：「陛下，坐著的獵鷹今天飛起來了，牠同樣飛得又快又好。」

於是，皇帝把農夫找來，把應得的獎賞賜給他，然後問：「你是怎麼讓坐著的獵鷹飛起來呢？之前試過的每個人都失敗了。」

「其實非常簡單，陛下。我把牠一直待著的樹枝砍掉了。」農夫回答。

—**學習重點**— 每個人都有實現目標的潛力，只需要先認出自己的潛力。

「故殺敵者，怒也；取敵之利者，貨也。」

——孫子

所有的獵鷹天生都有翱翔於天際的能力，一隻獵鷹可能暫時忘了自己的本能，但不會忘記如何飛翔。故事中的獵鷹滿足於舒服的狀態，不願意離開牠的舒適圈。若是希望牠飛起來，就需要有人讓牠離開那根樹枝。

同樣地，人們也需要有人讓自己離開熟悉的舒適圈，登上新的高度。有效的訓練可以釋放人的潛能，促使他們發揮全部的能力。訓練可以幫助人們：

- 發現自己潛藏的能力、天分和力量。
- 明白自己有能力達到目標。
- 積極進取地開發真正的潛力。
- 培養出勝利與成就的心態。

人類具有不可思議、與生俱來的潛力，可以完成許多目標。而這種潛能，是可以完全被發揮的。我們能成功得到自己追求的事物，每個人生來都是贏家，然而我們所處的環境，會讓人忘了自己的本能；我們堅守的那根樹枝，會妨礙我們認識自己的潛能。**不願離開熟悉、舒適又方便的地方，會阻礙我們探索自己的各種可能性**。有時，我們害怕隨著改變而來的各種風險。

人們總是比較喜歡過著平靜安穩的生活，這種偏好卻會帶來平庸的表現。大部分的公司裡都有這種人，特別是低階員工。有這種偏好的員工會滿足於現在的職位與工作，不願意採取行動，開發自己的潛能。而且他們害怕改變會動搖安穩的生活，例如有些員工會拒絕升遷的機會，避免轉換到新的地方。

我們依靠的那根樹枝，其實就是自己的價值觀、信仰和態度，而這部分和我們的潛力並不一致，會變成自己設下的障礙。其實，我們面對的障礙都不是外在的，而是從內心浮現。

訓練能幫助人們去除心理障礙，**使表現攀上新高度**。透過訓練，我們開始聚焦於自己的特性，更加了解自己。同時，打破阻礙表現的心理障礙，明白自己哪裡不足，並且知道如何克服。訓練可以讓人認識自己的強項和弱點，並發揮強項、摒棄弱點。一旦發揮個人的能力，在工作場所、家庭和社會，都能成為更好的人。

打造離開舒適圈的契機

訓練有許多種定義，其中最簡要的是：「**訓練是重新調整員工的知識、技能和態度。**」下列是關於知識、技能和態度的一些重要事實：

- 態度比知識和技能更加重要。
- 知識和技能可以從外在重新教育。
- 要員工轉變為新的態度相當困難。
- 態度的改變必須從員工的心裡發生。
- 訓練能讓員工改變態度。

重新調整態度，可提升員工的效率和產能。有效的訓練能讓員工獲得新的技能及正確的態度，進而表現更好，同時讓他們對公司做出更多貢獻。然而，這需要付出大量的時間、努力和耐心，才能將員工的態度調整為最符合企業需求。

為了有效率，所有訓練都必須從實際經驗中學習。**唯有讓受訓者親自從經驗中分辨對錯，才可能改變其態度和行為。**

任何主管或員工的表現，其實都是他們能力和態度的總和。在招募員工的時候，企業會有一套最低的能力標準，但是態度這種東西，沒有辦法正確且全面地衡量出來，必須等到員工正式上班才能知道。因此，訓練就變得相當關鍵，可以調整和塑造新聘員工的態度，使其符合公司的目標。

每個員工其實都有表現出色的潛力，要讓平凡的員工變成翱翔的獵鷹，再攀高峰的話，就必須調整他們的技能和態度。但是努力向上的衝勁，還是得由員工發自內心希求表現，否則再大量的訓練也是徒勞無功。

訓練可以把有為的員工腳下的樹枝砍掉，迫使他們離開舒適圈，進而成為表現傑出的人。也能讓新進員工變成傑出表現者，或者平庸的員工轉變為成就非凡的人。如此就能將阻礙除去，讓員工再創新高峰。

經過訓練，員工必須將學到的經驗，實際應用到工作中，否則訓練不過就是一次經驗分享活動。

訓練中學到的知識和技能，如果長時間沒有運用，就等於白費了。此外，如果沒有先做完整的訓練需求評估，或沒有考慮是否與員工角色相關，就直接開始訓練，那麼也是浪費時間的活動。

訓練員工需要大量的成本，因此，企業應該先評估訓練的益處。想要了解投入的成本可得到的報酬，有幾種不同的計算比率，其中之一是訓練投資報酬率（Return on Training Investment，簡稱 ROTI），計算方式如下：

$$\frac{（財務上的表現進步－訓練成本）\times 100}{訓練成本}$$

不過，訓練員工的益處，可能無法立即見效。從訓練員工到看見實際的進步，或許會有很長的時間差距，但是訓練過程中，會有一些不明顯的好處，最終可以回饋給公司，只是需要一段時間。因此，上述的公式，並不能真實地呈現有效訓練的高度價值。

實際行動

分辨出誰有成為傑出員工的潛力，並為那些員工安排合適的訓練。

10 把對的人放在對的職位上

皇后的哥哥（印度民間故事）

阿卡巴國王非常推崇波巴爾的聰明與智慧。有一次，皇后要求阿卡巴國王指派她的哥哥傑瑪，取代波巴爾的行政官位，但是國王拒絕了，國王說：「他不是取代波巴爾的正確人選。」

「但他是我的哥哥，他是個聰明又有能力的人。」皇后反駁。

「那麼我們來測試傑瑪的智慧吧。」阿卡巴國王說完，就傳喚傑瑪過來，給了他一個玻璃杯。「一個小時之內，把這個杯子沾滿酥油再帶回來，但是不可以花任何一派薩[2]。」

國王派了間諜跟蹤傑瑪。幾分鐘之後，傑瑪就帶著油膩的杯子回來，但是間諜

2 paisa，印度與巴基斯坦輔幣。

告訴國王，傑瑪是花了兩派薩買酥油才辦到的。皇后對此非常失望。

接著，國王把波巴爾叫來，重複剛才的指示，當然也派了間諜跟蹤他。一個小時之後，波巴爾拿著油膩的杯子回來，間諜告訴國王，波巴爾沒有花錢買酥油。

「波巴爾，你如何不花錢就讓杯子沾滿酥油呢？」阿卡巴國王問道。

「我去找了幾個賣酥油的商人，」波巴爾說：「我告訴他們，皇宮廚房要添購酥油，請他們提供試吃的樣品，每個商人都放了一些酥油在杯子裡。試吃之後，我再以品質不符標準，退還給他們。這樣一來，就可以不花錢而讓杯子沾滿酥油了。」

國王讚嘆波巴爾的智慧，並問皇后：「現在告訴我，誰才是適合擔任波巴爾這個位置的合適人選？」

—**學習重點**— 機智能讓你獲得金錢買不到的東西。

「不要試著教豬唱歌，不但浪費你的時間，還會惹惱豬。」

——巴西諺語

「人」可以成就或毀掉一間公司，因此，人力是企業最重要的資產之一。正如故事中波巴爾所展現的，每份工作都需要具備特定的能力才可勝任，並非每個人都是擔任某項工作的正確人選。因此，唯有具備特定專長與特質的正確人選，才是該企業不可或缺的人才。

在人力資源管理中，「把對的人放在對的職位上」是最重要的口訣。在每個人都適得其所的公司裡，才能將人力資源管理的藝術發揮到極致，然而，聽起來如此簡單的一句口訣，其實非常難實現。人力資源的管理者，永遠都在努力達成這難度極高、卻不能忽視的目標。

近幾年來，人力資源工作的重要性，在企業中產生了根本的變化，許多研究顯示：

人力資源功能正逐漸與直線功能[3]整合。如今的人力資源主管，已經不再被當成只有支援的功能。在表現傑出的商業團隊中，人力資源主管的貢獻愈來愈被重視。

對任何企業來說，把擁有正確經驗、知識、技能和態度的人員，配置到各個團隊中，都是非常重要的事情。**要確保團隊表現穩健，人力資源的管理者必須做的，就是仔細挑選正確的人，放到各個位置上**。而要達成這個目的，人力資源的管理者，必須先把握幾個關鍵的問題，例如：

- 對公司來說，這個工作的策略重要性是什麼？
- 誰具備適合這份工作的必要知識、技能和經驗？
- 誰有正確的特點、態度和動機？
- 這個理想候選人目前是否可調來此處？
- 如果不行，這份工作的人選是否就從缺？
- 何時才是把正確人選放到新工作上的時機？

要達成這個重要的目標，人力資源管理者必須根據與商業目標的關連性，將各種工作分類。依照策略重要性，將所有的工作排序。並確認已為每個工作設計適當的工作內容，以下可供參照：

- 以明確的方式，列出工作內容。
- 清楚定義呈報關係。
- 詳細列出公司預期擔任此職的員工，該有的技能、特質和態度。

選出正確的人選，其實和不同角色的策略重要性有關係，並不只是人力資源部門的責任，高階管理者也扮演了相當關鍵的角色。尤其執行長的參與是不可或缺的，因為如果是要選出主管級的執行者，就會成為公司策略團隊中的核心成員。這件事情實在太過重要，不該只由人力資源部門去處理。對大型企業來說，這種責任可能會委派給接近最高階層的人，例如管理階層的主管。

若這個職位是負責決策，執行長必須先確認，目前公司內有沒有合適的人選。如果沒有，就要從外面招募。而且一定要先弄清楚，公司預期這個角色配合公司目標，做出哪種貢獻，這是極為重大且決定性的因素。一旦決定好要從內部拔擢或外部招募，下一

3 直線功能，即組織中直接與生產作業相關的管理活動，執行直線功能的人員對於任務的成敗，或組織目標的達成負有責任和權力，並且需對作業之效益負責。

步就是界定出這個理想候選人該具備的特質，例如：資格、技能和經驗、領導能力和人事技巧、概念和眼界的範圍，以及正確的態度和動機。

員工的升遷和招募

關於非決策性的角色，公司必須規劃一套定義清楚的政策架構。人力資源的管理者參考這套政策內容，挑選出正確的人員。而政策內容應該盡量明確，包括何時會考慮升遷、何時需要招募員工等。

大部分企業都有健全的升遷和招募規定，兩者各有優點。升遷有助於：促使現有的員工表現更好、確認所有員工都投入工作、防止員工離職，並確保重要的內部人才得到發展。

招募可將不同背景的新人帶入公司，這樣可以為公司注入新血，使其充滿活力。充滿新想法的年輕人才，便能保持公司文化蓬勃有活力，以及將新穎的觀點帶進企業中。

對不斷成長的企業而言，為了符合需求，有必要規律地招募員工。員工的離去也是必須招募新員工的原因，通常一間公司的薪資福利不佳，或是沒有良好的職業發展政策，就會導致員工相繼離去。新進員工把這類公司當成訓練場，過一陣子就會離開，到更有發展性的地方。因此，企業應該要提供新員工完整的薪資福利，以及詳細的升遷發展途徑。

員工不適應也是企業的棘手問題，不適應的意思是，員工雖有熱忱卻沒什麼表現，而且長期以來都是如此。不過這也喚起了以下疑問：

- 為什麼他會不適應？
- 始終表現不出色的原因為何？是外在的因素嗎？
- 為什麼他會被分派到無法有所發揮的職位？
- 指派工作時，有考慮到他的技能和經驗嗎？

這些又會進一步帶出下列問題：

- 公司有任何人力資源的技能清單嗎？
- 這些清單上列出的技巧和特徵，與工作需求相符嗎？
- 在找新人時，這份清單有任何參考意義嗎？

這的確是很困難的任務，一般而言，公司都是參考主管或同儕的意見回饋，來指派新人的職務，通常沒有一套明確的辦法。這種系統實在沒有比「試誤法（trial and error）」好多少，也就是因此才造成人員不適應。

培養出通才型的主管，可以處理各式各樣的任務，對人力資源管理來說，相當有幫助。以全能的主管作為骨幹，可以降低企業中「不適應」員工的數量。

實際行動

分析你底下員工的特性，檢查是否有任何「不適應」的人。

11 釐清自己的角色

人生之道（孔子生平故事選錄）

吳王想要學習正確的人生之道，因此詢問了許多賢者哲人，但沒有人能提供令他滿意的答案。吳王決定廣召天下博學之人，了解他們對人生之道的見解，並且下令，如果答案能令他滿意，便有重賞。

於是，大量學者從各國前往參加聚會，他們紛紛提出正確的人生之道，但是吳王似乎都不滿意。

孔子也前去參加了，但他只是靜靜地坐在一角、聽別人發言。吳王邀請他發表看法，孔子便起身，面對著吳王，用宏亮清晰的聲音問了三個問題：

「你是誰？」

「你為什麼在這裡？」

「你在這裡做什麼？」

眾人都被孔子無禮的態度嚇了一跳，就在吳王還來不及說任何話之前，孔子平和地說著：「仔細思考這三個問題，了解你在這個世界應當扮演的角色，並且扮演好這個角色，只有這樣，你才能夠真正了解人生之道為何。」

聽了這席話，吳王立刻明白了人生之道的意義與方法。

—**學習重點**— 每個人都必須扮演好自己的角色，才能讓世界更美好。

「如果每個人都搞不清自己的角色，便很難達到有效率的團隊合作。」

——羅伯特．麥庫倫（Robert McCullam）

故事中，孔子提出的三個問題，並不像乍聽之下這麼簡單。問題本身意義深遠乃是毋庸置疑，而且發人省思。其意義、重要性和深刻程度，不限於了解人生之道，每個人都會走到某個人生的交叉口，此時為了得到啟發，反思這些問題就變得相當必要：

- 我們到底是誰？真實的天性是什麼？
- 我們正在做什麼？為什麼要做？
- 透過現在做的事情，我們想要實現什麼？
- 如果不做這個，我們應該要做什麼？
- 我們為什麼會位於目前所在之處？
- 如果不該在這，我們又該在哪裡？

由此可見，這些問題涵蓋的範圍，比我們意識到的更廣泛。本書中，我們要思考在一家企業裡，每個角色分別是「誰」、「為什麼」和「做什麼」，這些問題會引起一系列錯綜複雜的主題。仔細地了解不同的角色，才能有效發揮他們的作用。這三個問題和不同角色的結構、程序、責任及功能有關，而這幾個因素，正是企業設計不同角色時的關鍵決定因素。以下列出明確的問題：

「誰」指的就是企業中的主管。職稱和頭銜經常會誤導，或是不足以說明這個「誰」。管理的內容、位置、權力、呈報關係，綜合起來才能定義這個主管是「誰」。

「為什麼」是指主管為何負責這些事務，這就是主管存在於企業中的理由。此問題詳細定義了該角色在企業中的目標與目的。

「做什麼」是指主管實際執行什麼事，這個問題的答案，基本上就是其工作內容，也就是該主管實際的工作細項、目標和活動之總和。

這幾個問題和釐清角色有直接關係，角色指的是一個人在體制中的位置，定義的方式，是解釋他的各種功能和體制對他的期待。**釐清角色就是要了解這個角色必須達到的目標，以及組織對擔任此工作的人有何期待**。而要達成這些期待，必須採取的行動為何，如果不符預期，會有什麼結果，也要了解這個角色和其他角色之間的相互關係。

充分善用人力資源，是人資管理者的一大挑戰。釐清角色具有非常重要的功用，它能讓員工發揮作用；根據企業的目的，安排員工的活動，並激勵員工善盡職責。

確實了解自己角色的員工，表現會比搞不清楚狀況的員工好很多。若對角色的認識不清，會對企業的人員、策略，甚至是組織目標，造成嚴重的錯誤定位。

主管要先理解自己的角色，才能為員工定位

當角色的定義不清時，各種模糊地帶與衝突就會出現。若是不清楚一個角色受到的期待、目標，以及處理事務的優先順序，便會產生角色模糊的困擾。其特徵如下：

- 角色侵犯，例如，某個角色跨越了自己的權限，侵犯到其他角色。
- 幾個重要角色之間，在專業領域上的對抗、爭執或鬥爭。
- 對於角色不同功能的誤解，導致關係不愉快。
- 多個角色的職責混亂或重複。

角色衝突可能從自身或相互之間發生，如果是自身的衝突，各種矛盾的目標，會讓

重點被分散到好幾個方向，這樣一來，每個目標都無法有重大成就。角色之間的衝突，則起於彼此的職權問題，導致員工發生爭執。

如果沒有釐清角色，就會因為功能和責任而造成員工之間經常爭執。員工會收到相互衝突的指令，高階執行者得花許多時間解決衝突問題。企業處理的事項，則會從商業發展轉至解決衝突。最終，浪費員工精力、造成壓力及混亂的氛圍。

然而，令人訝異的是，清楚自己角色的主管並不多。因此，主管必須先釐清自己的角色。分析這些問題，可以幫助他們更加理解自己的角色，**如果領導人搞不清自己要做什麼，更沒有辦法替團隊釐清角色**。想要達成這個目的，就必須先確定所有員工都清楚企業的大型目標和策略、員工角色職責的優先順序、公司期待這個角色做出什麼貢獻，以及期待的結果和相關的表現參數。透過這些認識能夠達成以下目標：

- 幫助團隊更有效率地達成該角色的任務。
- 確保團隊的成功表現。
- 確保員工清楚重要目標與表現基準。
- 為了達到表現標準，必須先定義一些重要的成功要素，避免角色模糊。
- 讓員工清楚自己的角色和其他角色在組織中的相互關係，避免角色衝突。

如此就能充分明白，企業期待一個角色該在何處、如何及何時表現。藉由釐清角色，更有效率地完成組織的目標。主管必須確認所有角色都已盡量區隔，並清楚列出，組織期待這個角色做出什麼成果。讓團隊成員清楚知道，自己的角色對整個企業的影響，而團隊領導人必須和成員們討論自己的認知，讓他們有更清楚的理解。

詳細列出一個角色的目標、**辦事優先順序與受到的期待**。角色之間的關係需要清楚定義，該服從誰，誰又該聽從其指令。經常詢問員工意見，確認他們是否了解自己的角色。清楚定義角色的界線，例如，這個職位的人該或不該做什麼。至於擔任同等角色的同儕，鼓勵他們進行非正式的會議討論，驅使員工和其他同事合作。重點在於，角色內容、責任、職權和做事的時程，都得先進行有效溝通。

實際行動

回答本節提出的三個問題，了解你在企業中的角色。

12 如何評估員工的表現？

一池牛奶（印度民間故事）

為了慶祝十勝節，印度國王克里許納達伐拉亞決定奉獻一池牛奶，給維查耶納伽爾王朝的女神沐浴。在十勝節的前幾天，浴池就挖好了。國王下令，當天每戶人家都要貢獻一公升牛奶到池子裡。

有一位大臣提醒國王：「陛下，許多人民都很貧窮，沒辦法貢獻一公升牛奶，如果強迫他們，小孩們可能就得挨餓，這種做法是罪惡的。」

國王聽完後，轉而命令所有市民根據家境貢獻牛奶，為了避免那些貢獻量少的人被嘲笑，所有人都要在日出之前，將牛奶倒進池裡。

結果，到了十勝節當天，池子裡最後只有清水。國王對此相當生氣，詢問特那利：「為什麼池子裡裝的是水、不是牛奶？」

「陛下，因為每個人的工作，就是沒有人的工作。」特那利說：「每個人一定都覺得其他人會貢獻牛奶，就算自己倒水進去也不會被發現，於是所有人都只倒水進去。」

「**學習重點**」每個人的工作，就是沒有人的工作。

「好的管理在於，告訴平凡人如何做優秀人才的工作。」

——約翰．戴維斯．洛克斐勒（John D. Rockefeller）

每個人都該做的事情，就沒有人會去做。美國廣播與電視主持人查爾斯．奧斯古德（Charles Osgood），在他著名的作品〈責任詩〉（*Responsibility Poem*）中，說了一個有趣且具洞見的故事。有個團隊裡有四名成員，名字分別是：每個人、某個人、任何人和沒有人，團隊有一份重要的工作，然後：每個人確定某個人會去做。任何人可以做，但沒有人不辭辛勞地去做。某個人對此感到生氣，因為那應該是每個人的工作。每個人覺得任何人可以做。沒有人明白原來每個人不會去做。每個人開始責怪某個人，因為沒有人做任何人能做的工作。

在上述情境中，如果企業中的每個人都被允許，只要朝著企業目標，就可以任意貢獻的話，結果必定是一場災難，企業預計要填滿的一池牛奶，極可能只會裝滿清水。企業可承受不起員工的貢獻程度如此模糊，每個員工的貢獻程度，必須詳細定義，才能確保池塘裡裝的是牛奶，而不是清水。

對主管來說，定義員工的貢獻是關鍵的任務。每個員工都應該以達到企業目標為展望，做出最大貢獻，但是員工只有在知道企業對他們的期待，才能達到最佳成果。當目標清楚，員工投入的表現就會更好。因此，主管面對的挑戰，就是讓員工發揮潛力、表現出最好的一面。而要達到這個目的，主管必須：

- 為不同責任範圍的員工，列出適合的期待表現。
- 把期待表現再細分為詳盡、清楚、有衡量標準的目標。
- 為每個員工指派清楚和精準的目標。
- 適時且清楚地和員工進行表現目標的溝通。
- 定期掌控與評估員工的表現。

然而，當中有個重要的問題，就是如何適當衡量員工表現，以評估他們的貢獻。想要將員工的表現定量，必須根據企業的標準和最佳表現，訂定一套基準。然後，確認指派給員工的目標，符合這套基準，以及使用這套基準，評估員工表現是否符合目標。

這套基準就是所謂的「表現衡量標準」。表現衡量標準可能被設計來達成不同的目標，例如更高的生產力、效率、效能、成本控制、降低風險、更好的內部控制等。以下是不同種類的表現衡量標準：

- 財務衡量標準：收入所得、投資回饋、操作利潤、資產利用百分比等。
- 顧客滿意衡量標準：新顧客數、服務品質、客服回應時間、顧客忠誠度等。
- 表現衡量標準：是否達到引導員工表現的標準，像是里程碑。
- 企業效率衡量標準：寄送產品時間、產品品質、良好的顧客滿意度等。

設計良好的表現衡量標準

表現衡量標準之設計，應該與企業的全面目標一致。在部門中，員工的衡量標準，就要與整個部門的綜合衡量標準一致。從小處開始管理的主管，對每個員工的表現瞭若指掌，因此設計衡量標準時，需要他們的投入。好的表現衡量標準應該符合：

- 量化，並可客觀衡量。
- 對於期待的最終結果，提出清楚的藍圖。
- 質和量皆需重視、不可偏廢。
- 目的是改善測量行為的效率與效能。

- 根據合適且相關的企業標準。
- 考慮客戶的期待與需求。
- 有挑戰性，但並非遙不可及。
- SMART，即精準（Specific）、可衡量（Measurable）、可達成（Attainable）、實際（Realistic）、及時（Timely）。

許多企業沒有公開的表現衡量系統，令人匪夷所思。**表現評價系統必須客觀、透明和容易使用，才能讓員工有所依據**。一套有效的表現評價系統，會定期回報員工，讓他們知道自己的表現，並將好的表現導向成就或實質獎勵，也能和職業進展互相連結。

擔任類似工作的員工之間，必定會有表現上的差距，因此表現管理系統必須對這些預期中的差距，訂定合理的容許範圍。事先列出例外狀況，例如，掌控範圍之外的原因或生病等，即使未達標準也不會被責難。此外，提供必要的機制，當員工生產量大於標準時，需發放津貼或獎勵；使用精確的衡量方式，提升表現未達標準的員工表現，並提供適當意見，讓他們有機會改善。

員工若有額外的貢獻，但公司並未透過獎勵表達重視，他們可能會覺得灰心。就算無法給予金錢上的獎勵，也可以公開表揚。如果主管容忍員工表現不佳，他們永遠不會成長，因此主管必須：

- 定期檢討團隊中，每個成員的表現狀況。
- 給落後的人意見，給領先的人讚賞。
- 最好在全體組員聚集時，進行這些回饋。
- 請領先的人分享成功策略，讓其他人有可效法的經驗。
- 透過在團隊面前誇讚領先的人，提升他們的自我形象。

進行人員配置時，也要記得員工有哪些潛力，否則那些可能成為傑出員工的潛力股，會因為能力一直派不上用場而感到沮喪。人力資源管理者必須盡量將員工的潛力，與他們被指派的工作做出最完美的結合，才能讓所有員工貢獻自己的最佳能力。

實際行動

檢視你所處企業使用的表現衡量標準，在評估員工表現上的效率如何。

13 用燦爛的未來激勵員工

忠誠的驢子（梵文寓言故事）

有個洗衣工人對他的驢子非常不好，每天早上，他都把沉重的髒衣服堆在驢子背上，讓牠背著髒衣服到幾英里外的河邊。到了傍晚，驢子又得把洗完的衣服背回去，而且洗衣工人還經常用粗木棍打驢子。這頭可憐的牲畜，每天只能吃少許乾草，勉強存活。由於沉重的工作和糟糕的飲食，牠長得相當瘦弱。

某天，驢子發現河的對岸有一片繁茂的青草地，於是牠橫渡過河，到對岸狼吞虎嚥了一頓。突然間，牠看見一頭野生驢子也在附近吃草，這隻野生驢子強壯又健康，沒多久，牠們就成了朋友，開始分享彼此的故事。

時間逐漸到了傍晚，洗衣工人的驢子開始走向河岸，準備回到主人身邊。野生驢子非常驚訝，問道：「你明明可以快樂地住在這裡，為什麼還想要回到那種悲慘的生活中呢？」

「我想回去是因為我在那裡有燦爛的未來。」

「怎麼可能？」

「其實，那個洗衣工人有個漂亮的女兒。」驢子回答：「每次他女兒犯錯時，他都會告訴她，如果再犯同樣的錯誤，就要把她嫁給驢子。朋友啊！他的驢子就是我啊。我相信她犯下同樣錯誤的那天一定會到來，到時我就可以和一個美麗的女子結婚了。所以，雖然目前看來很悲慘，但我的未來光明燦爛，它召喚我回到現在的生活。」

—學習重點— 人總有個渴望嚮往的事物，足以讓自己撐下去。

「領導人的角色，是激起員工對自己能成就什麼的渴望，就能讓他們努力去達成。」

——大衛．葛根（David Gergen）

企業珍愛它們的員工。沒有企業會想失去任何一名員工，畢竟員工是最有生產力的資源，因此，企業會盡量想辦法留住員工，原因相當明顯，因為招募、訓練、修整和使員工成長的過程，需要投入大量成本。**當一個員工離職，這些投資或許就永遠得不到回報。此外，企業也失去了離職員工未來有可能替企業帶來的貢獻**。

因此，企業會盡力預防員工離職。至於員工離職的可能原因有：該企業缺乏良好的職業發展機會；不確定是否有職業發展途徑，或發展途徑模糊不清；表現評估方式和升遷系統不夠公開透明，以及競爭者提供更好的職位或薪資福利方案等。

當員工相信在目前的雇主底下，發揮潛力的機會相當有限時，就很有可能去尋找更翠綠的草地。反之亦然，員工也可能拒絕更翠綠的草地，只要他們認為：

- 目前的工作有更好的職業發展潛力。
- 所屬的公司相當關懷員工且人性化。

• 待在目前公司的未來是安全與光明的。
• 確定自己一定能夠升遷到更高的職位，或得到獎賞。

這種狀況下，就很少聽到員工離職。他們會繼續待在原雇主身邊，即使目前的工作可能在薪資或權力上，並不那麼吸引人。故事中的驢子，就是用這種邏輯，拒絕留在翠綠的草地上，牠覺得待在目前的主人身邊，未來是光明燦爛的。

在故事中，驢子的薪水也就是乾草的分量，已經變得不特別重要，因為牠有更高的動機，認為生活會更好，因此真心地想要回到主人身邊。

員工的薪資福利，不只是金錢，對未來的展望也是相當關鍵的部分。然而，這並不表示企業可以一直用很糟糕的薪水，留住底下的人才。

設計薪資方案是相當錯綜複雜的人力資源管理。薪資方案是吸引、鼓勵、留住並善用正確人才的重要因素，因此，一個好的薪資系統應該符合以下條件：

• 公平合理。讓員工願意留下，為此效力。
• 根據完成的工作量，給予員工公正的報酬。
• 與同企業中其他員工領到的薪資，不能相差太多。

- 反映該員工在企業中的職位、身分和知名度。
- 相較於他們的下屬和同儕，確認該名員工的薪水是合理的數字。
- 對於表現優秀的員工，企業內部要有適當的獎勵機制。

留住人才的誘因

一套設計得宜的薪資系統，並不只是專注於金錢。企業當然得給員工好的薪資，同時也要給員工更大的動機，讓他們了解自己的潛力。金錢就是動機，這點毋庸置疑，但是只有日領薪資的非固定工，才會把金錢當成工作的唯一動機。當員工的職業生涯剛開始時，金錢是很重要的動機，但**隨著在職涯中逐漸成長，金錢的重要性會逐漸減少**。員工當然需要薪水才能生活，不過把錢當成首要動機的程度會隨時間減少。因此，要提供更大的動機，例如，升遷、獨立作業、知名度等，所以薪資方案應該包含外加與本質的報酬。

所謂外加的薪酬，包括金錢和金錢類的好處，像是薪水、獎金、優惠、獎勵、帶薪假期、退休津貼等。員工會從工作中產生滿足感，若更大的動機與滿足感有關連，這就是本質的報酬因子。本質的報酬包括更高的責任、更好的機會、知名度、發展前景、更優良的工作條件、成就感等。

舉印度的公營銀行為例，它們給初階員工的薪水，都比民營銀行低，但還是很多人想做這份工作。主要原因是公營銀行有很好的發展機會，櫃臺員工受雇三到四年內，就有升遷機會。同樣地，主管階級的員工，每三到四年也會有升遷機會，這就是讓他們留下來的動機。

人力資源的管理者，有時會因為公司員工的高離職率而困擾，不過必須記得**離職不會在沒有充足或具體的理由下發生。員工有強烈的欲望，想發揮自己最佳的潛力，並且渴望追求更高的任務、權威、責任與地位**。所以，仔細檢討公司內部的職業發展政策，可能就會揭露導致高離職率的真正原因。

將員工的目標和公司的目標完美結合，是人力資源管理的重要功能。設計並應用合適的薪資策略極為重要，如此便能在人才市場中，呈現並保持有競爭力的狀態。否則，公司沒辦法吸引到正確的人才，或是無法長久留住他們。

想要留住符合資格的人才，人力資源管理者必須注意以下事項：

- 確定員工與公司完全契合。

• 確定現有的人才群都準備好了，想要爬上更高的領導角色。
• 使用適當的方式，讓員工相信招募時所承諾的成長機會，絕對不是空頭支票。
• 使用創新的方法，確認員工與公司的緊密連結。
• 透過培養與提高員工對公司的忠誠度，積極預防人才流失。

目前，已有許多機構使用精巧的方案，例如青年領袖專案、專業管理發展專案、表揚與獎勵計畫，以及給高潛力人才候選人的快速職業發展等，來確保人才不流失。

實際行動

審視你繼續留在目前雇主底下的動機，檢查你的職業發展是否在正確的軌道上。

14 —— 充分利用專家級主管的知識

專家（孔子生平故事選錄）

在皇宮廚房工作的一位廚師請辭後，回到家鄉安頓。當地某個富商知道這件事後，立刻聘用了這名廚師。富商急著炫耀他所聘請的新廚師，於是邀請所有朋友來共享晚餐。他命令新廚師準備一頓豪華的晚餐，而且必須有幾道宮廷菜。

「抱歉，先生，準備多道菜餚不是我的專長。」廚師說。

「那就煮你拿手的菜吧。」富商告訴他。

「不，先生，你誤會我的意思了，我的專長不包括煮任何東西。」

「但是你在皇宮廚房裡工作，不太可能沒有任何專長吧？」

「沒錯，先生，這點是正確的。不過，我的專長是把馬鈴薯煮熟、去皮和調味，好把餡料塞進去烤，再送到皇宮餐桌上。」廚師回答。

—**學習重點**— 專長通常都太模糊而不明確。

「一個專家的頭腦，是他專長的奴隸。」

——莫可可馬．莫荷諾瑪（Mokokoma Mokhonoana）

雇用專家當主管，已經成為企業極重要的需求，因為快速變化的技術，使得某些工作本身變得太過複雜。高度精細的工作，需要專家的知識和技術。而且複雜精細的工作，本身的技術性就很高，非專業的一般主管無法精確執行。

專家級主管被雇用來支援一般部門主管，讓他們的工作更有效率。專家可以在許多領域提供巨大貢獻，像是資訊科技、邏輯分析、市場調查、保全、工程、成本會計、法律服務、稅務等。

專家級主管也是主管的一種，因為他們必須達成企業指派的目標和任務，在其專精的領域中，策劃、組織和控制活動，並與其他主管進行合作、協調和整合。這類主管必須提供內部客戶，也就是商業團隊，使用他們的服務。

企業雇用專家可能得到極大的好處，他們為企業帶來最需要的技術知識、複雜技能、特殊能力和專業。儘管有益，專業化還是經常受到批評。批評者認為：

- 專業知識本身並不能製造任何東西。
- 由於專注的部分較狹隘，因此專家看不見整個企業的完整樣貌。
- 他們經常沒有考慮到公司的全面目標。
- 他們會一直限制在自己專精的有限範圍內。
- 專家很少成為出色的領導人，因為只專注於有限的狹窄領域。

好吧，這些批評有時確實為真，很多時候，專業化會自己走向終結，這些專家可能會在專業領域中，企圖創造出完美卻不重要的東西。由於自身視野狹窄，而忽視企業的全面目標。他們可能以企業的整體目標為代價，只追求某些卓越功能。而且追求的目標，與其他部門的目標互相衝突，甚至根本懶得和其他部門協調。

專家想在專業領域中追求完美，當然沒有關係。但**企業聘請專家的真正原因，是想達到更遠大的目標，因此他們的表現應該根據實際貢獻來評估**。想要達成完美的工程、無縫的保全系統等目標或許很棒，但是不能單獨追求這類目標。這些目標可能不符合其他合理的商業目標，像是較低的成本、快速服務、操作效率、快速的市場分析等。

杜拉克說過，除非各種力量相互抵銷得宜，否則專業會變成離心力，使企業分裂成功能性的帝國，底下則是鬆散的聯盟。專家們可能因此變成阻礙，無法有重大貢獻。

一般主管中，也常能發現專家的存在，這些是有特定領域技能的主管，像是績效評估、採購、維修、收帳等。一名主管長期投入於某個部門，就可能專精於該工作領域，這樣投入奉獻的結果，當然應該要表現出來。但是長期擔任同一個角色，也很可能限制該主管的價值。他有限的經驗，可能妨礙整體綜合發展，減低成為領導人的可能性。這點也突顯了一般主管需要輪調的重要性。

整合專業知識，才能有效利用

專家專注於狹隘的事物，可能會造成與其他功能之間的衝突。舉例來說，一個系統安全工程師，如果封鎖系統中所有外部資料介面，以達到滴水不漏的安全防護，很可能把公司備份資料時，需要使用的外部資料介面也一起封鎖了。

當專家級主管與其他團隊整合良好時，專家的知識和技術可以讓一切更加成功。將專家級主管的事務，與其他部門工作結合後，就能得到極大的好處。例如，產品設計師、研究專家、資訊工程經理等，這些專業人員和技術專家的技能極為有用，前提是：

- 專家的功能如何發揮，是由公司領導人操控。
- 數個不同的商業團隊都能靠他們的專業技能受益。
- 在重要政策的最後階段，採納他們的專業。
- 跨功能的團隊運用他們的技能，快速又專業地達成目標。
- 發揮專業能力做出有區別性的產品，為企業獲利。如設計、功能、價值主張等。

專業化程度愈高，專家愈可以為多個跨功能團隊貢獻，提高他們的效力。管理專家使用「異花授粉」這個生物學詞彙，形容一種企業文化，就是專家與其他部門主管，共同達成完美的合作協調狀態。互相理解彼此的最佳表現，並且從中受益；學習利用彼此的專長，進一步達到公司的目標。

最好的管理是要有「管理審計」，觀察分析專家級主管的工作進行狀況，確定他們是否確實配合公司目標，達成公司期待他們做出的貢獻。也要**確認專家是做真正重要的事情，以及全心投入，清楚自己擔任的角色**。而且要讓他們的服務有效地被應用，創造出新的潛能，為公司製造價值。

讓專家的事務和部門主管能有更好的結合，必須提高共同目標的獨立程度。因此，請確認聘用的專家得到以下待遇：

- 受邀參加重要的會議，特別是策略團隊的會議。
- 鼓勵他們針對各種事件，提出坦白的意見。
- 不需猶豫地提供專業意見。
- 經由意識到自己的貢獻，確定自己是有用的。
- 被請去支援爭取顧客和維護的部門功能。
- 得到實現個人專業成長需求的好機會。

這些步驟可以增加專家主管的融入感，讓他們覺得自己能與公司主流結合，這就是一個企業成功的關鍵因素。

實際行動

檢視你所處的企業中，將專業員工與公司主流結合的必要方法。

15 — 逾越職權導致的災難

驢子與狗（梵文寓言故事）

有個洗衣工人養了一頭驢子和一隻狗。某天晚上，一群小偷闖進這個洗衣工人的房子，驢子和狗都看見小偷闖進來，但是狗根本不想吠叫來警告主人。

驢子發現狗沒有出聲，就說：「警告主人是你的職責，為什麼不大聲叫呢？你明知道如果不叫，就會被搶劫了。」

「你在意那麼多幹嘛？」狗回答：「主人根本沒有好好照顧我，他常常沒提供我食物，給也給得很吝嗇，讓我經常餓著肚子睡覺。一個沒有給僕人應得報酬的主人，不值得擁有僕人的忠誠。」

「聽你這無賴說的話！這是緊急狀況，一個在緊急狀況下，還計較以前工作應得報酬的僕人，就是背叛主人。所以，不要怠忽你的職責。」驢子說。

但是狗還是不出聲，驢子生氣了，告訴狗：「你背叛主人，但是我無法不忠誠，我不能讓小偷搶走他的東西，所以我要盡你的責任去警告他。」

說完，驢子就放聲大叫，小偷們聽到聲音後，就把所有東西放下，然後逃走。洗衣工人也被這陣喧鬧吵醒，驢子在半夜大聲叫，讓他很生氣，於是就用粗棍子痛打驢子，這可憐的動物不到幾個小時就死了。

—**學習重點**— 擅自接下他人的職責，必會因此後悔。

「我們是什麼樣的人，以及成為什麼樣的人，都是自己行動的結果。你要對自己的人生負責。」

——釋迦牟尼

驢子因為做了狗該做的事情，而被殘忍地殺害。去做別人份內的事，其實充滿了難以預見且嚴重的風險。這種例子在商業機構中也經常可見，有些人因為在未經批准的狀況下，去做別人的工作，而被警告、無法升遷或被撤職。此外，如果這名員工被發現擅自逾越職責，牽涉到財務交易問題的話，他的正直操守也會受到懷疑，這樣的員工甚至會面臨起訴。

在企業中，一個主管跨越職權，去干涉其他主管的領域，這種例子也很常見，從企業利益角度看來，這種趨勢可能會造成不良影響。如果企業中的每個人，都被允許插手別人責任範圍內的事，一定會造成許多危機。**若是主管侵犯到他人的責任範圍，可能在企業中造成困惑、混亂和無秩序的狀況**。讓原本運作順暢的商業流程，產生不必要的困難，例如：讓企業遭受財務或名譽上的損失、引起部門間的衝突及經常性的爭執、造成協調不良與合作不融洽的問題。而且上司會質疑其舉動，面對批評和懲戒之類的危機。如果因為這種輕率的舉動造成公司損失，就必須承擔責任了。

每位主管都會被指派特定的工作，必須擔負起責任，在規定時間內，完整且有效率地完成。「職權」就是做決定與指派任務的權力，關於責任與職權的重點說明如下：

- 行使職權是主管的重要功能。
- 必須給主管適當的職權，才能行使責任。
- 責任和職權密不可分。
- 職權通常伴隨著同等的責任。
- 如果沒有被委任、或被委任很低的職權，就無法有效行使責任。

給予職權，卻沒有要求主管擔起相應的責任時，職權就很容易被濫用。因此，主管擁有的職權，必須限制在該角色的特定需求中。一個企業中，沒有任何主管可以享有無限的職權，即使是執行長，也不能違背這個原則。執行長面對超過自己職權的決策時，也必須尋求董事會的許可。

對所有職權設下限制是必要的，才能防止不同角色間的職權重疊。這樣的限制可能是決定作業的區域、使用的需要或其他特定種類的決定，例如：一個地區的經理，在其他地區不能有任何職權；產品經理不能決定行銷部門的人員聘雇；或者人力資源經理不能干涉會計事務。

在企業中，清楚描述員工的工作，顯得相當重要。它可以幫助員工完全理解自己的工作內容，以及讓員工表現更良好。此外，也可以防止他們逾越自己的工作要求。切記，描述時必須**提供清楚的目標和預期表現、定義表現的標準，並且列舉一個角色的任務、義務和責任**。

雇主與員工彼此的責任與義務

指派給一個人的職權，關於其權力及呈報關係，也應該精確地列出來。以主管為例，其工作描述應該經過設計，確保他不會、也不能逾越職權，即使是無意的。此時，一定要確認：

- 清楚地劃分了主管的責任限制範圍。
- 每位主管的任務、功能和義務，都銜接得非常好。

- 落在每個角色範圍內的決策，都被區分得相當明確。
- 詳細地列出每位主管的職權範圍。
- 精確定義角色，避免主管侵犯到他人的責任範圍。
- 如果操作部分超出責任範圍，也明確地列出來。

然而，在某些緊急狀況下，主管還是得暫時逾越職權。這類的緊急狀況，可能需要他做出行動方面的決定，而這平時並不在其責任範圍內。這種緊急狀況會迫使他行使未被授予的職權，或者，也許其他主管才有這些職權。如此才能夠保護企業的重要利益。採取必要的步驟，進行適當行動，可避免生命或資源的損失，以及企業受到名譽損害。

不論如何，企業必須預見這類可能的狀況，並且做好計畫。更好的方式是，指定一名或多位主管，當遇到類似的緊急狀況時，就出面處理。被指定的主管，必須有足夠的職權，在危機中採取適當的決定。

關於前述故事還有另一個意義，那就是在雇主與員工之間，彼此都有一些責任和義務。**雇主有義務負責員工的福利，員工有義務在困難時刻支援雇主。**雇主若是未能給付薪資，就有可能對企業造成重大傷害。員工可能會對企業冷漠疏離，就像故事中的狗一樣。他們可能會採取某些手段，損害企業名譽，甚至毀掉雇主的企業。

最近有一間印度的航空公司倒閉，就是這種狀況的實例。他們的員工和機師抗議沒有拿到薪水，開始無限期罷工，導致公司突然倒閉。時間點就選在公司正因重大財務困境而搖搖欲墜時，這場罷工正如同有名的俗語，成了「壓垮駱駝的最後一根稻草」。因此，定時給付員工薪水，讓員工滿意，對雇主而言也非常重要。

實際行動

分析你在企業裡的角色，弄清楚你的角色和其他主管之間，是否有任何重疊的部分。

16 效法，不是模仿

死了的乞丐（梵文寓言故事）

有個窮人非常希望變富有，他向財富之神庫伯祈禱多年，終於感動了庫伯。某天晚上，庫伯出現在窮人夢裡，告訴他：「明天早上，會有一個乞丐來你家，你要邀請他進屋，等他一進門，就用棍子打死他，然後你就會變有錢了。」隔天早上，窮人按照庫伯的指示，當他殺掉乞丐時，屍體突然變成一堆閃閃發亮的金幣。

住在隔壁的理髮師，從屋頂上偷看到整起事件，心想：「這一定是什麼致富的古怪手法，不過確實是很快的辦法，我也要來試試看。」隔天早上，他邀請了一個乞丐，當乞丐進到屋內，理髮師就關上門，用木棍打死他。

但是，並沒有出現一堆金幣，只留下一具必須處理掉的屍體。當他把屍體帶到流經城市外圍的河邊，正準備丟進河裡時，被皇宮的侍衛抓到。最後，這個可憐的人被判了謀殺罪。

—**學習重點**— 盲目模仿他人可能非常危險。

「選擇沒有人走過的路，並留下走過的痕跡，好過跟著別人開拓的路走。」

——無名氏

「模仿」一詞經常被冠上負面之意，用來形容只是學個樣子或假裝。但是它也有正面的意思，像是複製、模擬等。因此，模仿可以有正面和負面的涵義。

複製他人的行為，其實是相當常見的人類傾向。不過，盲目跟從他人，可能導致災禍。**一個舉動背後的原因，經常才是重點所在；人會去做一件事情，通常是出於某種原因，但是模仿的人未必理解**。在這個故事中，理髮師不明白箇中原因，便直接模仿，因此導致可怕的結果。

不了解他人動機、直接盲從的例子十分常見。這樣的決定，通常事後才會悔悟。舉例來說，只因為看到鄰居買名車，就也跟著買了一輛，但如果沒有足夠的資金，支付往後的油錢、保養費等，買車就變成一個愚蠢的決定。

不過，有樣學樣不見得都是負面的，它也有自己的功用。複製別人的舉動，是小孩在學校或家裡，學習大部分事情的方法。更是商業機構的教育訓練時，相當重要且有效的方式。各種企業交易的訓練，通常都是透過跟著做某些步驟來學習，大致流程是：指導者做一件工作，見習生在旁觀看。接著，由某位見習生依樣進行一次，而指導者與其他見習生先觀看。然後，重複這個過程，直到所有見習生都熟悉步驟。

同樣地，新雇員、新手業務、員工和資淺的主管，也可以參考下述作法，比起在教室上課，更能快速學習操作方式和商業程序。

- 透過仿效別人的工作方式，讓工作快速上手。
- 透過跟隨成功的主管，了解正確的管理方式。
- 快速複製且有效應用指導者的工作方式。

複製前人的行為，可以貼心地減少主管做決定的時間，有時主管可以直接套用其他主管面對類似狀況時的處理方式。如果是例行性的決定，不需要參考太多資料，這樣做就相當有效。企業經常會編整這類事務，讓較資淺的主管根據慣例下決定。相關事例應該詳列在操作手冊中，這稱為「預置決策」（pre-programmed decisions），意思是，主管本來就應該跟從或複製這些決定。

然而，若是遇到較複雜的狀況，需要處理大量且多樣的資訊，那麼模仿他人便很危險。這時主管必須獨立思考，發揮敏銳巧思、想像力和機智，如果只是心不在焉地模仿他人，可能會有很大的風險。

效法好模範，能讓新手主管大幅成長

剛擔任主管的新手，一開始會仿效前輩，但最後他們會發展出獨特的風格。只要保持獨立思考的能力，仿效別人的工作方式是可以被接受的，不過新手主管必須先了解，各種工作方式都有其限制，然後再選擇自己想要採用的方法。

鼓勵年輕主管效法，而不是一味模仿。事實上，這就是年輕主管剛接下工作的前幾年，提供指導顧問給他們的原因。效法和模仿經常被交替使用，不過兩者之間還是有微妙的差異：

- 模仿是另一個人怎麼做，就跟著做；效法則包含要和那個人一樣好，甚至超越他的涵義。
- 模仿是複製別人的動作，效法則是將那個人當作模範。
- 被模仿的舉動可能不見得相當優秀；不過被效法的人，通常具有出色的舉動。

• 模仿帶有負面的意思，效法則傳達出積極意義。

效法可以讓新人和年輕主管大量減少學習時間，他們可以快速採用正確的行為和慣例。透過模仿成功的主管，更有效率地學習許多事務，而參考不同的管理方式，也能拓展眼界和觀點。他們可以學習周全的商業實作策略，或透過了解傑出領導人如何做事，漸漸成為好的領導人。

模仿則會降低自行思考推理的機會，它是理性思考的敵人，阻礙人們獨立思索決策的能力、扼殺創新的天分。它會使得人們習於規避風險，若沒有前例可循時，就會造成決策僵局。

如果主管們都模仿少數幾個人的行為，就會對企業造成負面的影響。有句印度俗話說：「**就算是抄襲，也要抄得有智慧。**」因此，主管應該避免盲目複製其他主管的行為或風格，只效法成功前輩的特性和行為，以及其遵循的最佳方案。同時，不要變成效法對象的「複本」，否則最終會失去自己的特性。

模仿和效法並非侷限於個人，就連企業也會效法成功企業的結構、系統和策略，以及其他公司的成功產品，只做設計或功能上的表面修改。它們還會從失敗企業的經驗中學習，比如，避免和失敗企業做出同樣的事情，其他還有薄弱的市場分析、不適當的市場策略、不正確的產品定位、不道德的行為等。

不論模仿得多好，原版正品總是比仿製品更有價值。從他人身上吸收優點是正確的，然而，主管還是要努力發展自己的原創性。走出一條漂亮的道路，能夠為主管添加珍貴的價值。

實際行動

試著成為最佳版本的自己，而不是次等版本的他人。

第 3 章

管理的關鍵技術

學習成為有效的溝通者／了解員工的工作動機／避免採取不恰當的微管理／主動尋求改變的機會／以非傳統的思考眼光看待事物／相信慣例和傳統並非不可違抗／改變企業裡的官僚主義

17 ── 成功的領導人都是有效的溝通者

寫字與走路（阿拉伯智者的故事）

納斯爾丁的鄰居安瓦是個文盲，他的兒子住在附近的城市，擔任金匠的助手。有一天，安瓦來找納斯爾丁，希望納斯爾丁替他寫封信給兒子，但是納斯爾丁拒絕了，並說：「唉！我左腳大拇指昨天撞傷了，可能有好一陣子都不能走路。」

安瓦聽到如此古怪的理由，覺得很驚訝，便問：「可是納斯爾丁，寫信和走路到底有什麼關係？」

納斯爾丁回答：「你大概不知道我的字跡如何，每次我寫信，都得要走到收件人那裡，把信唸給對方聽才行。既然我有一陣子不能走路，就沒辦法走到你兒子住的地方啊。」

─學習重點─ 一個人應該坦白承認自己的缺點。

「如果你不能用簡單的方式解釋，就表示你不夠了解。」

——愛因斯坦

故事中的納斯爾丁面對了一個窘境，大概字跡難看的人，多少都遇過這樣的狀況。有句古老的話，經常被用來批評字跡難看的人，就是：「摩西寫的東西，只有上帝看得懂。」雖然在現代，大部分的書信、操作說明、命令、報告，甚至懲戒，都是透過電腦打字，不過能寫出漂亮的字，還是很好的特質。

主管經常需要把決策，手寫在便條紙、報告、書信等處，如果難以辨識字跡，那就等於溝通模糊不清，不具太大的意義。有時，甚至比不溝通還糟糕，因為它可能會被解讀成其他意思。把模糊不清的訊息，解釋成最貼近接收者想法的意思，這是正常的人類傾向。**溝通並非發送者傳送出去的意思，而是接收者理解到的意思，是接收者讓溝通的過程變得完整**。除非有人接收，否則溝通就不算成立。

在企業中，溝通是想法、目標、指示、命令和資料，在不同階層之間交換的管道。有效的管理，能讓資訊和觀點雙向交流，是達到企業目標的關鍵因素。**主管階層大約花**

六〇到八〇%的時間，進行與溝通有關的事。溝通是極為重要的領導與管理技巧，包括口語和非口語的部分，可用於上對下、下對上，或橫向的溝通。

根據研究報告指出，在溝通時，文字只占約七%；非口語的部分，像是手勢、臉部表情、動作、肢體語言、姿勢、語調等，則是較為重要的因素。舉例來說，即使是嚴厲的意見回饋，只要用友善的態度陳述，員工就會願意接受。

主管必須讓口語和非口語部分維持和諧，才能達到有效溝通。而溝通內容是什麼，與表現出的姿態同樣重要。一個善於溝通的人，總是會注意自己的肢體語言。**肢體語言在溝通中扮演重要角色，可能會透露出訊息之外的暗示**，也會大幅影響接受者的看法。

如果說出的話和非口語部分傳達的訊息不一致，就不能算是有效溝通。例如，一個主管以嚴厲口吻，對員工說出撫慰的內容，便很難傳達這份珍惜和重視。

確實傳達才是有效的溝通

除了發送者和接收者之外，關於管理方面的溝通，還有幾個重要元素，就是訊息、模式、管道及雜訊。訊息必須結構完整，才能達到有效溝通。所謂**有效的溝通訊息要能**

成功引起接收者的行動、理解、情緒或回應，就和發送者希望達到的效果一致。幫助主管確定，所有任務都確實按照計畫進行。

溝通的模式也應該慎選，可以是書面、口語、正式或非正式。選擇正確的模式，才能確保接收者確實了解發送者想要傳達的意思。訊息也要不受任何雜訊干擾。這裡的雜訊，是指會干擾溝通的狀況因子，它是溝通的障礙，包括以下幾種：

- 層次：訊息經過數層的傳遞後，還沒傳到接收者那裡，就已經被扭曲了。
- 語言：發送者最好使用接收者理解的語言。應該避免模糊的語言及專業術語。
- 過濾：發送者和接收者之間的距離太遠，也會導致溝通不良。距離指的可能是實際距離，也可能是階級或角色的距離。
- 聆聽：如果接收者的聆聽能力薄弱，可能就無法正確理解訊息。
- 偏好：人們傾向只聽自己喜歡的話，可能因此只有部分訊息被接受。

想要有效溝通，主管必須確定已經排除這些溝通上的障礙。以下是一些希望有效溝通時，應該謹記於心的基本重點：

- 有互動。有效的溝通永遠都是雙向的過程。

- 當個好聆聽者。要專注不分神地聆聽。
- 確定你的肢體語言、語氣和語調，都和訊息內容一致。
- 敞開心胸。不要讓你的偏見影響溝通。
- 使用簡單、清楚和容易理解的語言。
- 避免使用術語，以及模糊或艱澀的字眼。
- 確定訊息已經表述得很精確、清楚和完整。
- 選擇正確的用字、姿勢和語調，需符合溝通目的。
- 和接收者再次確認，確定對方確實明白訊息的意思。
- 謹慎選擇溝通的模式。有時候，非正式溝通的效果比正式溝通來得好。

至於有效的溝通，確實聆聽的重要性就占了五〇%，其中包括口語和非口語部分的訊息。關於確實聆聽，有所謂的「第三隻耳」，也就是除了字面上的意思，就連語言背後的感覺、情緒都能聽進去。主管應該培養傾聽能力，成為一個優秀的聆聽者。

想要成為優秀的聆聽者，必須保持開放態度，把發送者的訊息全聽完後，才發表意見。同時，採用積極和專注的態度聆聽，發送者說話時，不要插嘴。仔細聆聽，不要讓其他事物害自己分心，全部聽完後，再針對剛才的訊息回應。而且要聽出話中的話，了解背後的意義、動機和情緒。藉由重述發送者的訊息，確定自己已正確理解。只在確實消化訊息內容後，才回應發送者。

所有成功的領導人，都是有效的溝通者，但是反過來卻不見得都正確。領導人和一般主管之間的區別，就在於有效的溝通。為了成為優秀的領導人，好好鍛鍊自己的溝通技巧，對主管來說相當必要。

實際行動

檢視自己是不是一個有效的溝通者。列出自己的溝通技巧，與前述良好溝通者的條件互相比較。

18 — 讓員工往成就導向邁進

建造神殿的人

有個國王下命建造一座宏偉的神殿，慶祝他在與鄰國的對抗中，獲得勝利。這座神殿的設計圖十分繁複，需要動用數千個工人，耗費多年才能夠完成。良辰吉日一到，這棟建築就動土開工了。

某天，國王隱藏身分，到建築工地勘查進度，同時他也想要確認，建造工人們的士氣如何。抵達之後，他見到數百名工人在採石場開鑿、切割、塑型，以及磨亮那些要使用於工程中的石塊。

國王問其中一個工人：「你在做什麼？」工人回答：「我在工作，以賺取生活所需的金錢。」

這顯然不是國王想聽見的答案，於是，他問另一個工人同樣的問題。工人回答：「我在準備建築工作需要使用的石塊。」

國王又問了第三個人，工人說：「我為了建造偉大的神殿而工作。」國王還是不滿意，所以又再詢問另一個工人。

「我付出自己謙卑的貢獻，建造偉大的紀念館給我所崇敬的神。等到這座神殿蓋好，我就有地方可以進行敬拜，感謝神的施予、啟蒙和救贖。」他這樣回答。

國王聽了他的回答後，非常開心，便獎賞這個工人，還讓他當上計畫的督導。

—**學習重點**— 工作也能夠被崇敬。

「知之者不如好之者，好之者不如樂之者。」

——孔子

工作對人類來說，就像吃飯和睡覺般自然。不過，一旦說到激勵人們工作的動機，每個員工都有自己獨特的動機。事實上，不同階層的員工，各有不同的動機。

在企業管理中，最珍貴的資源就是人力。想讓員工發揮最好的能力，主管必須了解三個問題：**是什麼促使員工來工作？他們到底想在從事的工作中尋找什麼？是什麼讓人們想對公司貢獻全力？**

在管理的學術文獻中，有許多關於動機的理論。其中一些重要理論如下：

- 馬斯洛的需求層次理論（Maslow's Hierarchy of Needs）：人類有五種漸進的需求，包括生理、安全、社交、尊重、自我實現。每種需求滿足後就不再成為動機，直到最後達到自我實現的階段。
- 麥葛瑞格的X理論和Y理論（McGregor's Theory X and Theory Y）：管理者將人們工作的動力區分為兩種基本的假設，一種是消極的，另一種則是積極的。

- 赫茲伯格的激勵保健理論（Herzberg's Motivation-Hygiene Theory）：在保健因素（薪資、工作條件等）和激勵因素（知名度、個人成長）之間的各種差異。
- 佛洛姆的期望理論（Vroom's Expectancy Theory）：根據三個概念，即預期從工作中得到的報酬、表現與報酬間的連結，以及努力和表現之間的連結。
- 麥克理蘭的成就理論（McClelland's Achievement Theory）：強調對於權力、歸屬，以及達到與超越欲望的需要。

這些理論是學術與科學方面的研究，我們在此要討論的，則是比較簡單的動機理論。以剛才的故事為基礎，我們可以區分出六種形式的動機，下一節將分別解釋。

了解員工的工作動機，給予適當激勵

工作動機的形式，包含以下六種。

一、**金錢的動機**：故事中第一個工人的動機，就是要工作才能生活。在這種情形中，金錢就是動機。其實大部分的員工，都只是因為想獲取金錢類的利益，像是薪水、現金優惠、津貼獎金等而來工作。他們必須以薪資支付生活開銷，例如，食物、房租、家庭開銷等，以及從收入中存下足夠的錢，應付年老時的需求。

想激勵這樣的員工，最好就是透過保證金錢方面的利益，例如，增加薪資或津貼。此外，針對傑出表現給予獎勵。這就是「紅蘿蔔策略」，但是獎勵也會有限制，員工可能認為獎勵太少。而保證可以得到的獎勵中，可能有部分並不公開透明。

二、**恐懼的動機**：故事中工人並沒有提到這一點，其實恐懼是個負面卻強大的動機。這類型的動機就是有名的「棍子策略」。各種不同的恐懼中，最害怕的就是，因為表現不好而失去工作。此外，也可能擔心表現不好，而無法升遷或被扣留獎勵、應得的薪資等，產生對處罰或損失的恐懼。

但處罰並不總是那麼有效，**在這種威脅下，員工受到的激勵程度，就只有做到最低標準**。只要達成最低標準，就不想付出更多。事實上，如果員工害怕的事情已經先發生，或害怕的事情不可能成真，恐懼便不再是動機了。

優秀的主管會避免將恐懼當作手段，相反地，他們會以正面的動機來激勵下屬，像是成就導向的動機。

三、**對任務的認同感**：告訴國王「自己在準備石塊」的工人，就是具備這個動機。

大部分技術性和半技術性的員工，認為自己在機構中的角色和任務，有不可分的關係，像是焊工、裝配工、電工、收銀員、工頭等。因為他們擁有特定技能，而且以自己的角色為榮。

要激勵這類員工，可以透過升遷達成。一個體面的職稱，或是稍微高一點的地位，即使只是感知上的不同，也可以激勵他們表現得更好。像是資深焊工、主任電工、特別助理等，基本上做的事還是差不多，但可以讓員工感覺更好。

四、對團隊的歸屬感：和國王說「自己在建造偉大神殿」的工人，便認同自己是團隊的一份子。這樣的員工在動機階層中，乃是第二強。他們可以把個人目標，與團隊的整體目標結合良好。**厲害的領導人會努力確保團隊成員的動機**，從蘿蔔、棍子或任務導向，轉變到對整個團隊的認同與歸屬感。

五、工作本身就是報酬，其他都是額外的獎勵：有些員工達到自我實現的目標，將工作做得非常完美，他們認為工作就是值得崇敬的行為。對這種員工而言，工作本身已經是種報酬，不會將報酬或恐懼當作動機。他們知道終將得到屬於自己的報酬，享受工作的過程，而不會去想報酬的事。同時，他們認為得到的報酬，只不過是額外的獎勵。

不過這個階段中，對任務和團隊的歸屬認同感仍存在，**干涉極少的政策，對這種自**

我實現的員工非常有效。他們需要一定的自治權，由他們自己處理的話，也可以將工作掌握得非常好。

六、**成就導向**：在動機階層中，這是最後但最有力的動機。成就導向的員工做什麼都能主動積極、渴望做得比別人好。他們被內心對表現和成就的渴望所驅使，屬於自動自發的員工。只要主管稍微推一把，就會表現得更好。他們不會只對目標或團隊有歸屬感，而是對整個企業有歸屬感。

給予足夠的獨立性和適當的目標，這類員工就可以非常傑出。規律的工作時間對他們而言，不是討厭的障礙，只要給予清楚明確的目標，他們很願意把指派的工作做到最好。以成就為導向的人，最終會成為企業中的菁英員工。

實際行動

努力讓你的員工朝著成就導向邁進。

19 「微管理」的正反兩面

做生意的意思（阿拉伯智者的故事）

納斯爾丁向賈米爾借了一大筆錢做生意，期限是兩年。但是納斯爾丁卻遭受重大的損失，不得不把公司收起來。兩年期滿，賈米爾開始要求他償還本金加上利息的款項。催討了好幾次，可是納斯爾丁根本無力償還。

有一天，納斯爾丁看見賈米爾朝他家走過來，為了避免和賈米爾起衝突，納斯爾丁就告訴妻子：「夫人，我要躲到廁所裡。等一下賈米爾來的時候，就和他說我出去做生意了，除此之外什麼都不要講。」說完，納斯爾丁便躲到廁所。

賈米爾來敲門時，納斯爾丁的妻子打開門。

「納斯爾丁在哪？」賈米爾問。

「他出去做生意了。」她按照丈夫指示的方式回答。

賈米爾相當懷疑，嘲諷地說：「做生意？他有什麼生意？納斯爾丁真的知道做生意是什麼意思嗎？」

聽到賈米爾迂迴地批評自己的丈夫，這位妻子就發火了，生氣地說：「是的。我很確定他知道做生意是什麼意思。他又不像你一樣是個傻子，我敢說他比你還懂，而且我為什麼要告訴你，做生意的意思是躲在廁所裡？」

—**學習重點**— 一個在氣頭上的人，不知道自己說出多嚴重的話。

「故善戰者，求之於勢，不責於人，故能擇人而任勢。」

——孫子

故事中的妻子完全按照指示行事，但是納斯爾丁忘了告訴她，如果賈米爾問某些問題，或是說了什麼時，應該要怎麼回答。事實上，納斯爾丁想要完全控制妻子的言行，結果自己躲在廁所的事情反而被賈米爾發現。在企業中也是如此，我們經常看見這種情況，想要對員工「微管理」（意指連最細微的部分也要管理）卻適得其反。

主管指示部屬把工作完成，通常會使用兩種下指令的方式：

第一種方式是，大致解釋任務的目的、資源和交託的權限多寡。然後，留下一些較不重要的細部，讓員工自行發揮能力。這類主管會鼓勵員工採用最合適的方法執行任務，對於不影響工作結果的部分，就允許員工做些小決定。

第二種方式是，針對工作下達鉅細靡遺、每分每秒都該遵從的指令。嚴格規定員工採用的工作方法，把執行的責任交付給員工，卻沒有提供同等的職權，甚至連不太重要的事，都不允許員工決定。這種主管告訴員工要完全按照指示，就算只有些微差異，也必須要先尋求同意。

應該不難分辨，哪個才是比較好的管理方式。第二種管理方式，就是所謂的「微管理」；**當主管指導並控制部屬工作的所有細節，就稱之為微管理**。

比起一般管理者，微管理者的表現較不一樣。微管理可以從某些行為模式中分辨，像是：管理者非常執著於對部屬行使過度的控制權，不信任部屬可以適當完成工作。而且下達非常詳盡的指示，規定用特定的方法完成工作。把執行工作的責任交給員工，卻沒有給予需要的職權。如果部屬因為緊急需要，未經其指示便自行決定，他們就會生氣。此外，隨時監控員工的表現狀況，過度仔細察看員工在做什麼，經常要求員工做不必要又瑣碎的報告。

許多微管理者，可能根本沒意識到自己的管理方式。但是為什麼有些主管會傾向微管理呢？最可能的理由包括：

- 想在公司中表現出很有用的樣子。
- 習慣注意太多細節。
- 企圖讓上司或部屬覺得自己是被需要的。

- 過於任務導向，卻非常偏離人性導向。
- 相當執著於完美。
- 對部屬的能力沒有信心，認為他們無法把事情妥善完成。

當員工被主管指手畫腳地管太多時，他們可能不再思考正式指令以外的方法，變得什麼事情都依賴主管指示。即使是較不重要的事，也不再自己判斷，連可以自行解決的問題也要尋求指示。而且擔心如果自己設法解決，會被上司斥責，於是刻意避免主動採取行動。

適當拿捏管理的程度，才能幫助員工成長

微管理被批評是負面的管理方式，有時會被拿來和「有毒管理」比較。有毒的管理者表現得像獨裁者，狂妄、侵略性強、自大無禮和難以預測，在員工做事時諸多干涉，事後又責怪員工毫無表現。

但是微管理並不像有毒管理那麼糟糕，其實它也有好的一面，當遇到下列任務時，

採用微管理便很適合：

- 指派任務給沒有專業技能或非正式員工時，就需要詳盡地指示。
- 必須完全按照精確標準執行，即使連一分鐘的偏差都可能釀成災難的任務，例如，製作飛機結構中極精密的部分。
- 為了讓任務完美達成，必須完全遵照細節執行的工作，例如，建造高樓建築。

由於工作非常重視細節，微管理者經常被認為是幫助人們發展潛能的最佳角色，而且也證實他們的確是傑出的指導者和訓練者，非常適合替新管理者和新員工進行訓練，告知公司的規定、慣例和操作程序。

若操作過當，微管理也會有一些負面的後果，**可能會阻礙員工獨立思考的能力，對他們的專業發展造成不良影響，降低他們對工作的投入程度**。微管理盛行的企業，員工的離職率都會上升。甚至，有些員工不再有動力，缺乏主動積極、充滿野心的態度。整體士氣低落、消極沒動力、灰心沮喪，以及無法完全認同公司，也沒有動力表現自己最佳的一面。

主管必須讓員工有獨立判斷的機會，從一些不影響任務結果的小事、較基本的決定

開始。讓員工的能力進步，也為企業的人力資源增添價值。能力增加的員工在執行工作時，會更清楚工作的目標，專注於有效率地達成最佳結果。

有能力的員工會想辦法替產品或服務增加價值，思索如何使用較少的時間，完成多項任務。不會盲目地跟從指令，遇到問題時，可以即時做出合適的處理。在不需另外增加成本的條件下，他們會想辦法提升品質，對改善系統或程序也能提出有意義的建議。

想在競爭激烈的環境中茁壯，企業就必須妥善提升員工的能力。給員工學習成長的機會，不再是奢侈的事情，相反地，這已成為今日企業的必備條件，因此，應當鼓勵員工思考指示以外的處理方法。如果納斯爾丁告訴妻子「賈米爾來訪的目的」，故事的結果可能就截然不同。

實際行動

弄清你的管理方式，檢查自己是否對員工微管理。

20 以身作則的領導人

吃糖的男孩（印度民間故事）

一位貧窮的寡婦帶著兒子去找甘地，從她居住的村莊到甘地的住處，距離約八十公里。由於這名男孩吃了太多糖和蜜餞，因而上癮，甚至開始偷錢，來滿足自己嗜吃甜食的癮頭。婦人滿懷希望來到甘地的住處，希望甘地能讓她的兒子戒掉這種習慣。

甘地仔細聽完後，思忖了幾分鐘，接著說：「姊妹，此刻我沒辦法幫助你，請你下個星期再來。」

過了一週，婦人再度拜訪甘地，當她和兒子上前時，甘地告訴男孩：「孩子，別吃太多糖，那會危害你的健康。」

男孩立刻發誓不會再吃過多的糖，這位母親卻有些不悅地對甘地說：「父親[4]，你上個星期就可以這麼說，我也不必如此麻煩，還得大老遠再過來一趟。」

甘地微笑回答：「不，姊妹，上個星期我不能這麼做，因為我自己也習慣吃過多的糖，如果我告訴你的兒子不要吃糖，對他並不會有任何作用。不過，我已經戒掉了這個習慣，因此我說的話才能夠起正確的作用。」

—**學習重點**— 說到之前，要先做到。

4 印度民眾尊稱甘地為父親。

「功成事遂，百姓皆謂我自然。[5]」

——老子

偉大的領導人總是以身作則，在印度史詩《摩訶婆羅多》（*Mahabharata*）中有一句梵文諺語：「Yen Gatwa mahajana, sah panthah」，意思是「**偉人走過的任何地方，都會被走出一條步道**。」商業領導人也是如此，必須透過以身作則的領導方式，讓跟隨者知道該往哪裡走。他們希望底下的人怎麼做，就應該自己先踏上旅程的第一步，帶領大家走下去。

聖雄甘地無疑是備受稱頌的好領導人，他在歷史上留下不可磨滅的足跡。他帶領印度人追求獨立自由，以及改變社會環境，這些事蹟將永遠被銘記在心。甘地也把自己的行為當作範例，改變眾多人民的想法。例如，人民開始自己打掃家裡的廁所，因為甘地就是這麼做；穿自己紡紗製成的衣服，因為甘地如此宣導；木製紡紗機重新進入印度百姓家中，甘地也總是穿著自己做的衣服。同時，抵制外國進口商品，因為甘地開始進行「自給自足運動（Swadeshi Movement）」，以達到經濟自由的目的，他本人也是使用本國生產的商品。

美國將軍喬治・巴頓（George S. Patton）也是以身作則的實例。與其他將軍不同，巴頓從不會指揮軍隊「前進」，而是自己走在軍隊前方帶領他們，並指示：「弟兄們，跟著我。」巴頓締造從未輸過任何一場戰役的輝煌紀錄，無人能敵。他從前方帶領軍隊的方式，即使到了今天，仍激勵無數軍官與商業領導人。

想要有效領導商業團隊，**主管必須確定自己在團隊成員心中，建立了可靠的形象；被認為是個可信賴、可靠且真誠的人**。自己豎立模範，進而影響團隊成員的行為。然後，利用說服人的技巧，激勵團隊成員，讓員工全心貢獻，達到團隊的目標。

領導指的不是名稱、頭銜、地位或權力，領導人享受到的職位權力，只不過是附加價值。真正的領導人應該有以下特質：

- 行使他們的領袖魅力，而不是透過權力來領導。
- 不會命令員工。
- 透過影響他人的志向和行動，進而使人想跟隨他。

5 領導人立了大業，百姓卻說：「哪有什麼聖人之治，這都是我們自己做到的啊。」

• 透過把功勞歸給團隊，贏得勝利的讚譽。

孔子曾說：「君子恥其言而過其行。[6]」因此，**真正的領導人會做「他們說的事」，說「他們做的事」**。自己率先改變行為，而後才能要求他人改變。不會以自己也缺乏的東西，來批評別人。如果他們不希望在追隨者身上，看見某些缺點和負面特性，便會先避免那些行為。他們不會容許自己言行不一。

若是自己也做不到的事情，領導人便不會責備他人。以自己的行為舉止當作範例，建立團隊的行為模式。一個習慣遲到的領導人，不可能有效地讓其他人準時。而且他們會避免侵略性的舉止、貪婪和放縱的行為。

你具備優秀領導人的特性嗎？

有種說法是，某些人天生就有卓越的領導天分，但這種說法完全偏離事實。其實，領導人是從企業的一般主管之中，逐漸發展而成。

所有領導人都是優秀的主管，但並非所有主管都能成為優秀的領導人。主管和領導人之間的差異，可從以下幾點看出：

- 主管把事情做對，而領導人做對的事情。
- 領導人會建立精力旺盛的團隊，專注於達到傑出表現，而主管只是分配與管理團隊的目標。
- 主管效法其他成功的主管，而領導人發展出自己的風格。
- 主管執行並維持，領導人發展與創新。
- 主管創造控制手段，領導人創造信任。
- 主管重視如何做、何時做，而領導人重視做什麼、為何要做。
- 領導人放眼於長期，主管專注於短期。
- 主管透過結構和系統達成目標，而領導人透過員工達成目標。

那麼，一個好的領導人有什麼特徵呢？為了分辨他們有何過人之處，研究人員在不同的商業機構中，進行了許多調查。結果顯示，成功的領導人大多具有以下特質：

6 君子對自己說了卻做不到的事，感到可恥。

- 相當高的情緒智力與穩定性。
- 透過有效領導團隊達到目標的能力。
- 傑出的概念與認知能力。
- 十分專注於達成目標。
- 擁有很高的自信心。
- 很有彈性，可以根據情況需要，調整自己的反應與策略。
- 不管他們決定要做什麼，都會堅持做得傑出。
- 即使在不穩定的市場環境中，也有勇氣掌握企業的方向。
- 縱然遇到各種阻礙，仍會專注於目標。
- 為人處事都正大光明。
- 透過建立同樣的志向，帶出他人最好的表現。
- 有綜觀全局並進行策略思考的能力。
- 對於和客戶需求與喜好有關的事件，反應相當快速、即時。
- 可以經由指導，幫助後輩發展，讓他們了解自己的潛力。
- 有好奇心與創新的方法。

- 能利用個人魅力，影響跟隨者。
- 能透過信任，確保團隊成員都全心投入。
- 會針對下屬表現，提供自然且坦白的意見回饋。

人們會尊重，也願意跟隨與服從有這些特質的領導人。今天的主管就是明天的領導人，企業的未來端看其領導人如何帶領。要培養出優秀的領導人，企業必須確認主管可以得到適當的培養與訓練，強化他們的領導技巧。並提供他們適當且足夠的各種在職經驗，使用謹慎規劃的策略、合適的系統和程序，培養內部的領導人才。同時，利用領導發展計畫，讓主管可以得到完整的領導概念框架。

對於有遠見、想像力和專業知識，又有勇氣和決心去實現未來願景的領導人，沒有什麼目標是不可能達成的。

實際行動

思考你對自己的領導能力評價如何？以上那些領導人特質，你擁有幾項？

21 主動改變，才不致被迫改變

有眼疾的國王（阿拉伯民間故事）

有個國王深受慢性眼疾之苦，但是沒有醫生能治癒他的疾病。最後，他決定去找巴格達的路曼醫師。經過數日的漫長旅程，國王終於抵達路曼醫師的診所。

路曼仔細聆聽國王的問題，並且檢查他的眼睛，然後說：「只有一個辦法可以治療，接下來一年的時間，您只能看綠色的東西，其他都不行。」

國王回到皇宮後，下令把宮殿和裡面的所有東西都漆成綠色，同時也下達命令，所有侍臣、家庭成員、僕人和訪客，都只能穿綠色的袍子，即使送上餐桌的食物，也必須是綠色的。

幾個月之後，路曼去皇宮拜訪國王，察看狀況如何。當他走到宮殿大門口，表明來意後，就被帶到更衣室，被強迫換上綠色的袍子。

等他終於見到國王時，路曼忍不住問：「噢，王上，您做這些事，到底是什麼意思呢？」

國王回答：「是你交代我，這一年之內，只能看綠色的東西呀。」

「但我不是這個意思，我的醫囑非常單純而且容易實行，您只要戴上綠色鏡片的眼鏡，就可以了啊。」

—**學習重點**— 改變自己的觀點，比企圖改變整個世界容易多了。

「人不能兩次踏進同一條河流。」

——赫拉克利特（Heraclitus）

河水總是不斷地流動，因此一條河絕不可能維持不變，而我們周遭的世界也是如此。希臘哲學家赫拉克利特曾說：「世界上沒有什麼是永恆不變的，除了改變。」唯一不會變的，就是改變本身，所以改變乃是不可避免。

但是一說到改變，我們都很容易想改變他人，而不是改變自己。人們天生就有種傾向，認為自己的一切都沒問題，容易向外尋找原因，而不是檢討自己。因此，我們會期待別人改變，來配合我們的心願、想法、價值觀、感覺和看法，但是，就像故事中的國王，我們不可能把身邊所有東西，都漆成自己想看見的顏色。

想要改變周遭的一切，既困難又不切實際。因此，要管理個人生活中的改變，必須先意識到**我們要改變周遭的世界**，**一定要從改變自己開始**，**因為改變自己比改變他人容易多了**。我們無法改變身邊的環境、人和情況，必須改變自己，才能從改變的情勢和環境中受益。而且接納改變，才能把自己和他人的關係維持在最佳狀況。

對企業來說，也是如此。企業想要改變外在的環境，同樣非常困難，任何想要改變相關連鎖系統的舉動都難以實行，也很難成功。

改變的性質和步調，對企業運作順利與否，有相當大的影響。迫使企業改變的因素，通常多來自外在，而不是內在因素。外在因素包括：

- 競爭，像是競爭者的產品或行銷策略改變。
- 將顧客的需求和喜好，轉變到更新、更好的產品上。
- 科技，最新和最先進的科技，很可能讓能力不足的企業，失去與顧客的連結。
- 市場飽和會迫使企業追尋新的市場。
- 法規，例如稅制政策、環境衛生控制、進口限制增加等改變。

在商業世界中，改變也是唯一不變的事。想要有效處理改變，絕對不可省略的第一步，就是接受這個事實。因此，**在改變成為一種強迫的力量前，先主動積極地尋求改變**，是一件很重要的事。而管理企業之前，先管理改變，也成了非常關鍵的能力。在今日的環境中，面對改變時，企業管理的反應，決定了它的存亡、成功與發展。

若無法有效地管理改變，一定會釀成大災難，甚至可能毀掉一家企業。企業如果無法適當處理必須的改變，很可能就沒有第二次機會了，這樣的企業早晚會被改變吞噬。

有效的改變策略

對所有企業來說，具備完善的管理改變的機制，是攸關存亡的事。管理改變有三種方式：第一，是被動方式，當改變發生的時候，才視狀況處理。第二，是反應方式，改變發生時，便與之對抗。第三，是主動方式，**企業應該預見改變，並預測可能從哪裡發生；對於不可抗拒的改變，要隨時做好準備，並把每次改變視為可利用的機會。**

要有效地管理改變，就得提出一些合適的問題，例如：

- 我們必須擁抱的改變是什麼？
- 需要改變的，是企業的策略、結構或系統？
- 我們的結構符合目前的策略嗎？
- 改變多少是必要或適當的？
- 必須從哪裡開始改變？
- 如何有效掌控改變的程序？

- 我們該如何把改變帶來的威脅，轉變成機會？

得知上述答案後，管理改變的程序，就得找出需要改變的地方，確定為什麼需要進行這項改變？以及商業環境中發生了什麼事，才需要改變？然後提出狀況分析，確認確實有改變的需要，例如需求下降、營收減少、市占率突然下滑、產品失敗等。持續分析這樣的狀況，找出是哪個環節需要進行改變。若是企業目前碰到某種現象，背後可能有多種原因。例如，某個產品失去市占率的原因可能包括：不符合市場需求、競爭者端出更好的產品、顧客喜好改變等。

訂定管理改變的策略，決定哪裡需要進行改變，是企業的策略、結構、人員、系統，或者綜合以上全部？設計詳細的執行計畫，而且開始進行並仔細觀察，可參考以下步驟：

- 分派執行改變計畫的責任。
- 成立擁有合適職權的團隊，執行這項計畫。
- 對改變的需要進行溝通，設計彼此交流的計畫。
- 開始宣傳這項改變，以得到員工支持。

- 去除一開始遇到的抗拒和阻礙。
- 適當地管控謠言。
- 把得到的成就和成功故事散布出去，加強與鞏固這項改變。

企業必須從內部尋找自身的弱點，弄清楚應該做什麼，以及哪裡需要改變。若試圖改變外在環境，卻不改變自身結構、系統或策略上的錯誤，可是一點助益也沒有。

可口可樂公司推出 eKOCool 計畫，就是調整結構、系統和策略，迎戰並擊敗對手的最佳實例。eKOCool 是一種太陽能機器，這項設計在電力供應不穩定的印度偏鄉，獲得了很大的成功。它可以用來冷藏可樂，也能供應手機充電。靠著 eKOCool，可口可樂占領了未被開發的全新市場，即使是仍沒有冷藏設備的印度偏僻地區，現在也能看到可口可樂了。

實際行動

你希望世界有什麼改變，就去成為那個改變。

22 像企業家一樣思考與行動

沒上鎖的門（印度民間傳說）

布加國王的總理大臣巴提，因為年事已高，身體變得虛弱，無法再像從前那樣敏捷有效率，因此想要退休。

不過，布加國王希望他在正式退休前，能夠選出一個聰明又有能力的繼承人。巴提提議舉辦一場比賽，以選出繼承人，布加國王也同意了。

許多人前來參賽，隨著比賽接近尾聲，篩選出最後四位候選人。這四個人被帶到一個房間，要在那裡度過一夜。這個房間沒有窗戶，只有一扇門。巴提說：「現在房間的門將會上鎖，誰第一個走出來，就可以擔任總理大臣。」

其中一位候選人走到房間角落躺下來，沒多久就睡著了。其他三個人開始討論這個難題，雖然他們都是著名的學者，但是實在沒辦法找到任何解決辦法。最後，他們也都去睡覺了。

破曉時，第一位候選人醒來，他走到門邊，伸手轉了一下門把。門並沒有上鎖，於是，他便輕鬆地走了出去，巴提宣布他就是下任總理大臣。

布加國王詢問這名成功的候選人：「你怎麼會知道門沒有上鎖呢？」

他回答：「遇到問題時，一定要去檢查看看，到底是真的有問題，還是想像而已。我從一開始就知道，問題只有一個可能的解答，就是門並沒有從外面上鎖。所以我等到其他人都睡了，就去打開門。」

—**學習重點**— 一個行動勝過千言萬語。

「成功的祕訣就是開始行動。」

——馬克・吐溫（Mark Twain）

除非我們嘗試打開門，否則就無法發現存在於門後的機會。試試看門能不能打開是非常重要的事，因為我們可能連門有沒有上鎖都不知道。那些像企業家一樣思考的人，認為每道門都應該嘗試。創新就是不斷尋找新的機會，也就是持續嘗試打開新的門。

企業家精神正是一間公司的中心思想。像企業家一樣的思考與行動，對企業來說極為重要，而企業家思考模式的關鍵元素就是：

- 堅定不移地尋找創新的機會。
- 把創新結合市場的需求。
- 在滿足客戶需求上，達到卓越的程度。
- 找出符合成本效益與快速處理的新方法。

科技的快速變化，會對企業造成難以控制的不穩定狀態。一波科技變革可能影響產品、服務，甚至是老舊的商業模式。消費者的喜好可能改變得非常快速，甚至沒被察覺，對手也可能做出某些改變或推出新產品，使得商業市場動盪不安。企業必須持續不斷地變動，才可能在目前的商業市場存活。像企業家一樣的思考與行動，對企業而言已經不是選擇，而是非如此不可。

因此，想要存活茁壯，企業就得持續創新。企業必須像動作敏捷的瞪羚，革新現有的產品，或是研發出新產品，才能夠讓顧客滿意並持續往來。同時，敏捷地回應新興起的顧客需求和喜好，抵禦與克服強大的競爭壓力，並對抗因科技時常改變帶來的不確定性，保持和改善在市場中的形象。

確保企業能夠生存的條件中，消費者是最重要的角色。因此，企業必須隨時提出下列疑問：

- 我們的顧客今天買了什麼？
- 他們明天可能會想買什麼？
- 他們未來可能不想要什麼？
- 什麼能夠讓他們發自內心讚嘆？

要長期與顧客保持連結，最重要的就是聽取消費者意見，並且有所回應。消費者意見等於是顧客滿意程度的衡量表，替需要微調的產品和服務提供指引，並幫助企業辨識市場是否有需求的空白區。

企業必須填滿市場的需求空白區，快速發展創新的方案。那麼，要如何像企業家一樣思考與行動呢？企業得要在他們的市場中，建立足夠的意見回饋管道，隨時感受市場脈動，以及蒐集對他們產品的建議與回饋，使用蒐集到的建議，對產品、服務與商業模式進行微調

企業家的思考模式，即是一種創新態度

替公司進行未來的規劃時，企業家的思考方式相當重要。**一家公司若有彈性的商業模式和精簡的階級結構，其創新速度會比傳統、階級複雜的公司來得快**。具備企業家思考模式的公司，會經常審視目前的商業模式，改善對市場反應的應對速度。當今的企業絕對不能失去下列重要的眼界：

• 從消費者的喜好中，預見未來的趨勢改變，就和滿足他們此時的需求一樣重要。

• 想要留住消費者，快速革新是最重要的因素。
• 一間公司的市占率，已經不能視為競爭力的象徵。
• 不斷改變，適應消費者一直變化的喜好，這比公司的規模還重要。
• 一間企業的規模，已不再是消費者持續使用其產品的保證。

舉例來說，諾基亞是最先研發智慧型手機科技的廠商之一，但是它無法快速地把這些科技製作成能普及的產品。HTC和三星繼而領導市場，提供有更多應用程式、規格也更好的行動電話。結果，諾基亞失去了龍頭地位，幾年之內，市占率就從二〇〇七年的四〇％，大幅下降到一七％。最近諾基亞以便宜的價格被微軟買下，也不令人意外。

從諾基亞的故事中，我們學到的重要教訓就是，研發不是有做就好。把研發的技術轉變為可以銷售的產品，對企業而言極為重要。現今的研發，必須以市場為中心，發展新產品時，也應該順應目標消費者的需求。研發者必須帶著未來的視野，去發展新產品，符合對消費者喜好改變的預測。此外，也要持續對現有產品進行創新，讓產品跟得上需求。

但企業家的思考方式不只是研發，它比較像是一種態度，而不是一種行為。以一種創新、非傳統的方式去思考未來，這乃是不斷探索新想法的過程。把市場試驗完美地套用到了解客戶需求上，並將市場經驗快速轉換成更好、更創新的產品。可以對新的產品想法，快速做出反應，預測未來的消費者喜好，並且讓研發順應這個方向。同時，獲取對現有產品的新看法，藉此來改善。

企業家的思考，並不只是創辦人或上位管理者的責任，而是必須落實到各個階層的管理中，當作一種持續進行的過程。成功的企業會創造與推廣企業家思考的文化，通常可透過以下方法：

- 讓公司成員感覺公司是自己所有。
- 讓員工感覺並表現得像企業的合夥人。
- 把它列為所有主管的重點表現領域。
- 根據利潤分享原則，結合薪資方案和生產力。
- 鼓勵員工自由發想，並且獎勵可實際施行的想法。
- 鼓勵主管實驗具備完善潛力的新想法。

企業家的思考模式，對一間企業的生存、成功與發展都很重要。然而，企業也不能忘記注重自身的核心競爭力。新的機會需要投入大量資源，才能創造出額外的能力。透過聯盟、合夥和共同投資，集結資源共同努力，才是創造新機會的可行策略，同時還能固守自家企業的核心能力。一般而言，這樣的聯盟締造的結果，會比各自努力再加總後來得好。

實際行動

評估你提出的新想法中，有多少是具備企業家思考的元素。

23 — 辨識機會的關鍵能力

波巴爾與芒果樹（印度民間故事）

波巴爾在自家庭院裡種芒果樹，阿卡巴國王正好來訪，看到他在種芒果樹，忍不住說：「波巴爾，你年紀都這麼大了，身體也虛弱，你覺得自己能活那麼久，吃到這棵樹結的芒果嗎？你不知道一棵芒果樹需要十二年才會結果嗎？」

「是的，陛下，我知道。但是我種這棵樹，不是因為想吃到它結的果。我吃的芒果，是我父親和祖父種的芒果樹所結的果。現在我種下這棵樹，這樣我的兒子和孫子就可以享受到它的果實。」

國王聽完答案後，感到非常開心，於是賞他一枚金幣。波巴爾向國王道謝，並說：「陛下，這棵樹十二年之後才會替我的子孫結果。但對我而言，它現在已經結果了。」

—學習重點— 為子孫種樹，就是回報長輩對我們的善行。

「種樹的最佳時間是二十年前，其次則是此時此刻。」

——中國格言

一直以來，人們都會種植樹木、等待結果，好讓自己和子孫享用。與種樹的概念相同，現在做某些事情，就能造福未來的自己，這是種很平常的思維。企業當然也不例外，將這種想法套用在發展新產品與服務上，也相當合用。

樹木不可能永遠結果，一棵樹從發芽、長大、結果、凋零，最終會死亡。同樣地，企業可能會有幾樣重點產品，但也許沒辦法永遠暢銷。就像樹木一樣，產品和服務也會在生命週期中，經歷幾個重大階段，那就是：

- **發展**：產品都是從一個想法開始，在此階段，想法正經歷評估，以及轉變為成品的過程。
- **發表**：當產品正式發表後，顧客就會經由行銷、廣告、促銷等宣傳方式，認識這項新產品。
- **成長**：銷售量年年成長，有相當不錯的淨利率。

- **成熟：**成長速度趨緩，銷售量停滯，利潤則開始下降。
- **衰退：**競爭對手推出更新、更好的產品。這項產品的需求和利潤皆下滑，即使加強行銷也無法提升銷量。

對任何企業而言，管理產品的生命週期是非常重大的任務。如此才能維持市場的需求，確保企業穩定成長。有些時候，必須嚴格檢視產品的生命週期，幫助企業做出一些重要的決策，例如：開始節制或減產、制訂合適的行銷策略（如重新定位），或使用產品強化策略，延長其生命週期，以及拓展產品線，增加普及率。

產品強化的意思是，推出該產品的改良版，使其有更新、更好的功能。拓展產品線則是在現存的品牌底下，增加更多產品。在品牌的衰退期，這兩者都是很有用的方法。然而，有些行銷策略，像是廣告活動、推廣和降價，都只能延長產品待在衰退期的時間，無法防止產品面臨最終的死亡。

企業最大的敵人就是自滿。此刻最暢銷的產品，帶來豐厚且源源不絕的收入，很可能導致企業安逸，不再探索創新的想法，繼續研發產品。不幸的是，在消費者喜好快速改變的世界裡，沒有一種產品可以保證永久稱霸市場。

錄音帶和陰極射線管電視（傳統電視），就是曾經大量普及，卻被進步的科技淘汰之案例。新科技的興起，也會衝擊一些老舊的商業模式，例如，現在網路書店賣出的書，比傳統書店還多。

對企業來說，發展新產品已不再是個選擇，而是企業存活並持續發展的基本要求。企業必須提供迎合市場需求的產品，否則就得面對提早到來的停工。

企業需要持續創新並開發新產品，比較好的狀況是，它們是積極主動地進行，而不是被市場所強迫。

開發新產品的思考程序

此時此刻便要開發新產品，才能確保未來的生存。對企業來說，開發新產品是非做不可的事，原因如下：

- 回應新的消費者需求和喜好。
- 競爭對手推出更新、更好的產品。
- 從還沒被滿足的消費者需求中，嘗試新機會。

• 拓展產品線，更廣泛地觸及不同消費者。
• 留住現有的顧客，確保其忠誠度。
• 科技的快速變更，會導致產品快速淘汰。
• 產品逼近生命週期中的衰退期。

真正關鍵的問題是：如何開發新產品？

想開發新產品，就要針對現存的產品，提出一些問題，包括：我們的產品符合消費者所有的感覺性需求（felt need）嗎？還有沒被滿足的消費者需求嗎？我們的消費者想要什麼樣的新產品？

此外，還要考量競爭對手推出了什麼產品？他們的產品哪裡比我們好？有哪種產品功能是競爭對手有，而我們所缺乏的？現存產品的哪個特性，並不符合消費者期待？我們要如何強化現存產品的價值性？

開發新產品的關鍵，就是**讓產品的特色和優點，符合消費者的感覺，以及沒說出口的需求和缺乏的東西**。

這個程序中的第一步，包括：蒐集新的想法，並了解未被滿足的消費者需求。然後，從製造和分配的角度，檢視每個想法的可行性，以及評估成本和收益，確定在財務上也沒問題。

很多構思中的新產品，在此階段就被刷掉了。只有那些具潛力的想法，才會通過篩選，發展為新的產品。接下來的步驟則是：

- 規劃產品的設計、賣點、外觀、尺寸、特色、材質等。
- 預估完成產品原型或試驗性服務，所需的成本和資源。
- 建立一個多功能的團隊，負責發展新產品或服務原型，並且確定需要的預算。
- 將產品原型送去行銷試驗，觀察顧客的反應，利用得到的回饋進行微調。
- 開始進行商業性的量產，正式推出新產品。
- 透過行銷、推廣、廣告等方式，喚起顧客的注意。

不過，並非所有的新產品都會成功，像是產品表現、特色、品質、價格、推廣活動、外觀、設計等因素，都會決定成敗。如果樹木沒有長出甜美的果實，光是種樹也沒有用。同樣地，企業也必須確保新產品可以長出好的果實。

最頂端和高階的主管們，扮演了非常關鍵的角色，他們應該辨識出機會，找出有潛

力的新產品。但是，有些主管可能專注於達到眼前的目標，像是銷售量、收入和利潤等，反而無暇去做這件重要的事。

實際行動

扮演神祕客，看看你的產品是否確實滿足顧客的所有需求。如果沒有，思考你的公司需要開發什麼樣的新產品呢？

24 非傳統的思考模式

更長的線（印度民間故事）

有一次，波斯大使至蒙古國王阿卡巴的宮廷參訪。當正式的會議結束後，大使問道：「陛下，我聽說您的宮廷裡有許多聰慧的人，如果您允許，我想要測試一下他們的聰明才智。」

「當然，你請便。」阿卡巴國王說。

大使用粉筆在地上畫了一條直線，然後問道：「在這個宮廷裡，有人可以讓這條線變短，但不能擦掉或磨掉線的任何部分嗎？」

朝臣都解不開這個謎題，他們努力地思考，但就是找不到辦法。最後，阿卡巴國王把波巴爾找來。

波巴爾走到波斯大使畫的那條線旁邊，然後拿起同一根粉筆，平行地畫了一條更長的線。相比之下，大使畫的線馬上就變短了，而且波巴爾完全沒有擦掉線的任何部分。

大使對波巴爾大為讚賞，並說：「陛下，波巴爾果然是您宮廷中最聰明的人。」其他朝臣則因為沒想到解決方法竟然如此簡單，而感到相當不好意思。

—**學習重點**— 難題的解答，有時簡單到不可思議。

「慣例是進步的大敵。」

——崔佛・巴里斯（Trevor Baylis）

故事中，波巴爾完美地展現了非傳統思維的力量，把一個看起來困難的問題，變得相當簡單。

非傳統的思考是用不同的眼光看待事物。以創意與革新的思維解決問題，跳脫框架的思考方式，乃是一種獨特的解決問題方式。

然而，在商業世界中，有許多主管並不會使用非傳統方式思考。當然不是因為他們沒有能力，所有人都具備足夠的心智能力，可以用獨特、不平凡的方式思考，但從童年開始，在成長過程中，我們就只用線性方式思考，而大腦已經習慣了。教育制度訓練我們的大腦只用邏輯和理性的方式思考，養成在潛意識中監督的習慣，抗拒不平凡、非傳統的想法。

非傳統思考和傳統思考方式，有幾個很不一樣的地方。非傳統思考的人具備好奇心，他們會挑戰現有的慣例，也願意接受實驗過程中可能的風險。這種人通常具有以下特色：

- 尋找真相。
- 拋棄先入為主的想法和偏見。
- 不會把任何慣例和傳統當成不可違背。
- 不會盲目跟從他人。
- 相信想完成一件事，方法絕對不只一種。
- 是夢想家，但知道夢想在何處結束，創造要隨之開始。

相對地，擁有傳統思考的人則傾向：

- 遵守傳統和慣例。
- 認為應該維持現狀，迴避新想法。
- 認真遵守已建立的常規和慣例。
- 不願意改變過去的做事方式。
- 不會質疑既定程序的原因和作法。

要解決困難複雜的問題時，非傳統的思考模式相當重要。當周遭環境出現極端的變化，企業其實非常脆弱，而大部分的艱困狀況，也都是從企業的弱點產生。企業領導人真正的挑戰，在於把這個弱點轉變為機會。

企業所面對的複雜問題中，有些確實需要繁雜精巧的解決方式，但不是每個問題都如此。許多主管認定單純簡要的方式，不可能解決複雜的問題，因此，他們尋找答案時，經常評估詳盡的資料、數字和複雜的資訊，還會使用先進的決策支援系統。這些主管分析成堆的統計資料，找出模式和趨勢，甚至雇用外界的專家和諮詢者。

即使分析資料和數據，再進行線性思考，可能也無法提出有用的解決方案。因為方法可能隱晦不清，更常見的狀況是，**面臨的問題很不尋常，沒有前例可以參考，而這就是非傳統思考發揮效用的時刻**。

非傳統的思考模式，能幫助企業用不同的眼光看待問題，找出最符合眼前狀況、簡單又可行的解決辦法。

非傳統的解決問題方式，著重創意思考，也就是要用想像力、創造力、機敏靈巧的方式來思考，這必須融合個人的經驗、靈感和直覺。優秀主管和普通主管的差別，就在於是否具有創意思考的能力。創意也是成功領導人的特色之一，而且可以從平常的練習中培養。

探索新想法的實行步驟

企業必須有創意、肯革新，才能持續守住市場，甚至連企業的壽命也仰賴此特質。創意革新的思考，對企業的重要性在於：它們提供的產品，一直都能符合消費者的喜好，還可以替現有產品提供更新、更好的功能。此外，即時提出新穎、突破性的產品調整方案，留住顧客；預測需求的改變方向，預先抓住未來興起的市場。

跟上消費者喜好的變化極為重要，有時市場的趨勢轉變相當快速，當競爭對手快速推出新產品時，企業便立即受到威脅。例如，二〇〇八年時，HTC是第一個推出Android系統手機的廠商，但是今天在Android市場中，它已經被三星和索尼遠遠拋在後頭。原因相當明顯，HTC沒有跟上快速改變的市場期待，無法像三星和索尼那樣，每三到四個月就推出更新、更好的產品。

一個企業要繁榮發展，就必須持續探索新想法。為了確保新穎有創意的想法不斷地流入，企業應該鼓勵所有員工，採用非傳統、有創意的方式思考。如果企業期望集結新的想法，便可參照下列步驟：

- 集結改善某項事物的想法前，先直接且透徹地了解它。
- 整合你的想法、經驗和感覺，創造出新的想法。
- 絕對不要相信目前的處理方式，是唯一或最好的方式。
- 和其他人討論你的想法，同事、前輩或顧客皆可，並融合他們的看法。
- 仔細測試你的想法。
- 即使一開始測試失敗，透過實驗，持續確認你的想法。
- 別執著於已確定失敗的想法，重新思考其他方法。

培養非傳統思考的技術，其實並不困難，現在有許多規劃得很好的訓練課程，還有自我成長書籍，主管可以藉此培養非傳統思考的技術。

另外，也可以透過橫向和平行的思考技術，磨練自己的非傳統思考能力，就像愛德華．狄．波諾（Edward De Bono）這種管理大師提出的概念。波諾認為進行創意思考時，有意識地使用一些技巧，能比邏輯思考更快得到結論。使用橫向思考時，必須先確定問題，了解為何會出現這樣的問題，需要什麼才能解決。

這時別使用循序漸進的思考模式，只要簡單地蒐集想法就好。

記下腦中的所有想法，不要只因為某個想法很瘋狂、不實際或很蠢，就拋棄它。把每個想法都當成可能的解決方法來測試，就能找出最佳的方法並加以實行。

實際行動

選擇一個做事的流程，然後，嘗試用非傳統思考檢視它，並且思考可以如何改善此流程。

25 官僚主義是好還是壞？

又一隻麻雀（阿拉伯民間故事）

路曼回到自己的家鄉，參加姪子的結婚典禮。到了晚上，路曼在哥哥家的庭院裡休息，一群小孩圍在他身邊，要求路曼講故事。路曼很疲倦，沒有心情講故事，所以他叫孩子們讓他休息。但是這群孩子還是不斷地糾纏，最後他受夠了小孩的煩擾攻勢，於是開始講故事。

「從前、從前，有一千隻麻雀住在森林裡的一棵大樹上。有一天，一隻麻雀拍拍翅膀飛走了。」說完，路曼就不講話了。

「然後發生了什麼事？」孩子們問。

「然後，又一隻麻雀拍拍翅膀飛走了。」他說完，又不說話了。

「然後呢？」

「然後，又一隻麻雀拍拍翅膀飛走了。」

「然後呢？」

「然後，又一隻麻雀拍拍翅膀飛走了。」

這一次，小孩們開始覺得無聊，其中一個孩子問：「你到底要一直說『有一隻麻雀拍拍翅膀飛走了』說多久啊？」

路曼回答：「說到樹上的這一千隻麻雀，不再一隻接著一隻飛走為止。」

—**學習重點**— 人們若是對別人叫他做的事沒興趣，就會一直拖拖拉拉。

「官僚主義的擴大，是為了符合官僚主義的需要擴大。」

——無名氏

路曼說故事時，一次只讓一隻麻雀飛走，就是為了報復那些不斷糾纏的孩子們，才刻意這麼做。不過，路曼的故事確實提醒了我們，在官僚制度盛行的機構中，決策的機制就是如此。

典型的官僚制度機構中，決策的過程總是很慢，因為各種提案必須在數個階層間移動，會在機構的不同層級中多次來回。就像路曼的麻雀一次只飛走一隻，提案也是一直重複被提出。而且舊的問題還在處理，新問題就已經出現了。

那麼，難道不會有人提出疑慮，認為實行官僚制度的機構中，決策過程相當浪費時間嗎？

官僚制度的理論，乃是馬克斯．韋伯（Max Weber）於一八八六年所提出。當時，這種形式被認為是最有效的結構，可以跨越分歧的勞工和專家意見，大幅提升效率。但時至今日，官僚主義代表龐大、管理很差的機構，有許多效率不佳的制度，都是官僚作風。而且這是個帶有貶義的名詞，被認為是機構最糟糕的評價。

一般而言，政府部門和公家機關都被認為是官僚制度的代表。然而，即使在商業世界中，也有許多機構採用官僚制度，其特色是：

- 組織結構的層級非常多。
- 連鎖的命令與層層下降的權勢。
- 所有事務的程序，羅列得過度詳盡。
- 規則死板，實務操作的彈性非常小。
- 功能區分詳細，以達到專門化。
- 對待方式沒有人情味，規則適用於所有人。
- 主管沒有多少自主權。
- 主管要處理太多形式上的東西而綁手綁腳。
- 主管能做的決策被限制到只剩提出決策。
- 主管參與制訂策略的過程，能下的決定卻極少。

官僚制度通常被認為是「鐵籠」，一套所有人都必須遵守的規則，對主管而言無疑是牢籠，因為限制了他們行動的自由。這將會**導致主管失去個性，降低他們的能力，難以發現自己的所有潛能**。

官僚主義通常只存在於程序上，遵守規定的意義，就只因為這是規定。有時連這個機構存在的真正目的，都可能被嚴格遵守規定而拋棄。

官僚制度的其他缺點還包括：實行官僚制度的企業，難以適應快速變動的商業環境；採取上對下的制度，使得主管缺乏想像力；主管被太多形式化的事務綁住，失去創新的能力；權力集中，使得做事效率下降；階層太多，導致決策速度被拖慢；而決策延遲，則可能導致錯失機會、增加成本。

此外，太執著於做事程序，會使得主管失去能力，難以快速辨認與處理外來的威脅。由於難以成長也看不見未來發展，主管會感覺能力被扼殺。

官僚主義扼殺企業的應變能力

商業機構需要足夠的機敏程度，快速應對市場生態的改變。因此，對消費者需求反應遲鈍的企業，很快就會發現自己已被競爭對手拋在後頭。官僚制度會降低企業的反應能力，難以跟上不斷變化的市場狀況，可能為以下幾方面帶來限制：快速迎合消費者改變的喜好、堅持商品與服務的品質和推陳出新、確保企業中各單位的運作和諧、有效率地達到企業願景與目標。

然而，採用官僚制度的企業結構，本身並沒有不對。事實上，在下列狀況中，這種結構能夠達到有效率的管理：

- 有些企業需要精確細膩的部門分工，而且每個工作都必須以極度精準、正確的方式執行。
- 由創辦人親自管理的小型或新創企業。
- 不需要把權力集中在中央的小型公司。
- 家族企業，這類公司擁有者想要緊密掌控公司大小事。
- 創辦人希望只有少數人士知道該公司的商業模式。
- 公司採取嚴格的監督控管，如果違背，就可能遭受嚴重處罰。

中央集權和由上而下的管理方式，都是官僚制度的特色。在小企業中可能運作得很順暢，如果是在大企業裡，官僚形式的結構就可能嚴重阻礙企業的成長。在成長快速的中型與大型企業中，官僚結構無法長期適用，長此以往，這種制度的缺點通常都會超過優點。

即使在最講究進取的企業中，官僚制度的影子仍舊可能偷偷潛入，影響企業對市場的反應速度。想要避免這種現象，企業必須保證主管擁有足夠的自主權，可以自行做決策。根據相關活動，重新編制部門結構，降低階級的層數。鼓勵主管用企業家的精神，帶領自己的部門，以及讓主管對結果負責，而不是只注重過程形式。**鼓勵主管以創新為導向，允許他們發展自己的策略，來達成目標**。同時，鼓勵不同部門之間的良性競爭，但仍強調團結合作。

在這個高度競爭、消費者喜好變動快速的環境中，每個企業都必須要：

- 持續專注於讓顧客滿意，維持自己在市場上的地位。
- 從只在乎階級制度，轉變為有活力、生氣蓬勃的組織結構。
- 把更多創意、彈性、革新和一致性，帶進組織的運作裡。
- 在企業中推廣創業家的文化與精神。

現在的企業必須專注於成為一個「企業單位網」，有些管理大師稱之為「Intra-Prises」

（內部企業單位），這種內部企業單位組成的網狀結構，能讓企業柔軟有彈性，足以應付市場生態系統的變化。

實際行動

找出你所屬企業中的官僚制度陰影，並想出克服它們的辦法。

26 — 簡約而創新的企業態度

口渴的烏鴉（節錄自《伊索寓言》）

有一隻烏鴉住在森林裡。某次，當地發生乾旱，所有的池塘、河水和溪流都乾涸了。烏鴉實在太口渴了，但是到處都找不到水喝。

牠飛到某處，有些旅行者前一晚就在此紮營，他們留下了一個陶瓶，裡面還剩下一點水。陶瓶的頸部非常狹窄，水又在瓶子的底部，烏鴉沒辦法直接吸到水。

烏鴉努力思考，牠決定進行「節約式創新」（Jugaad）[7]。烏鴉環視周遭，很快便找到一根蘆葦，因為蘆葦是中空的，可以用來當作吸管。於是，烏鴉用自己的喙，拔起蘆葦插進罐子裡，直到碰到水面。最後，烏鴉喝到了水，快樂地飛走了。

—**學習重點**— 有志者，「節約式創新」必成。

「節約式創新是跳脫框架思考、抓住機會……拒絕接受失敗。」

——帕凡・瓦瑪（Pavan Varma）

這個故事將大家熟知的〈口渴的烏鴉〉原版本，轉變成新穎的寓意。故事裡提到的節約式創新「Jugaad」，其實是個印度詞彙，意思是「有創意地做某件事」。這種**節約式創新，基本上是種心態，即以低成本、創新和彈性的方式，找到問題的解決方案**。可以運用創造力，製作出簡單又創新的產品。藉由快速發揮創意，以較少成本提供新穎且更佳的產品功能，也可以替現存產品或設備找出其他用法。以有限資源進行管理，帶出更多價值，還能替無用的素材和副產品找到新用途。

節約式創新技術如此有名，乃是因為一種即興製作的交通工具，就用 Jugaad 命名。這種交通工具是在印度旁遮普地區組裝而成，只有當地的資源可以用來組裝，像是以當地的木材為主體、水泵當作引擎，這種水泵可以安裝在水井上，也能隨時拆除。

7　印度口語，形容在資源有限的狀況下，靠創意做出的東西，也稱為拼湊創新。

從很久以前，節約式創新技術便一直是印度常用的創新方法，但是西方的管理大師們最近才再度發掘它。即使到了今天，印度人還是以節約式創新技術，替一些東西尋找和當初設計本意不同、新鮮又創新的用途。例如：用洗衣機攪動凝乳，提煉奶油；用壓力鍋釀威士忌；把馬鈴薯當作香柱的基座，空油漆桶拿來當花盆；或是將香菸盒的內襯捲成芯後，拿來當作保險絲。

印度雕刻家奈克・查德（Nek Chand）創作出世上最大的節約式創新作品：昌迪加爾的石頭花園（The Rock Garden of Chandigarh），印證了即使利用廢棄的素材，也能創作出藝術作品，而且任何東西都有可用之處，不管是破的磚瓦、玻璃、手鐲等，都可以拿來創造藝術。

激烈的競爭、消費者喜好快速改變，以及昂貴的研發成本，都迫使企業探索低成本的創新，才能生存與發展。節約式創新可能是企業必要的手段，因為它可以：

- 以較低的價格，提供消費者更高的價值。
- 做出更好、更便宜的產品。
- 提出比競爭對手更好的產品特色。
- 透過提出創新且新潮的產品，滿足消費者仍未被滿足的需求。

改進的成本低、速度快又有彈性，都是節約式創新的主要特色，因為低成本的創新，可以成功抵抗競爭壓力。想要即時迎合消費者需求的快速改變，創新的速度非常重要。若要維持並增加市占率，這樣的快速改變至關重大。而且彈性對快速革新來說，非常重要，必須拋棄傳統和既定的假設。

節約式創新的限制

不過節約式創新也有缺點，企業必須記得，這些產品也會有一些負面的部分，像是：因為著重於降低成本，產品的品質可能無法與標準商品相較；產品可能只符合最基本的消費者需求，但低品質、低價格的商品，不見得能長銷。為了降低成本，必須妥協於較低的安全程度，但是任何意外都可能導致企業面對嚴重的產品責任賠償，而且節約式創新的產品，通常無法通過耐用度測試。

節約式創新也有「做出來就是了」的意思，因此，企業可能會偷偷使用不道德的方法，為了降低成本而無視規定。或是使用低品質的材料來壓低價格，製作出的產品可能不安全，有時甚至很危險。

舉例來說，有些人會替車子安裝非標準的「節約式創新」液化石油氣元件，這樣就能使用政府補助的液化石油氣鋼瓶，節省燃料成本。雖然比標準的套件便宜，但是這種節約式創新的元件不但違法，而且相當危險。這些元件可能會自燃，導致致命的意外。因此，**節約式創新的方法縱然較為便宜，卻有許多品質、安全性和規範上的疑慮**。無法對安全與規範妥協的企業，節約式創新就不能提供良好的解決方案。例如，汽車製造業，若採用這種方式，對企業和消費者雙方都非常危險。

不斷增加的競爭和有限的資源，都會逼迫企業不得不思考，如何在負擔得起的成本下，依然維持商品的高品質。這樣的思考帶出進化的概念，也就是簡約式工程。

「簡約」是節約式創新中一個很重要的元素，但是簡約式工程並不是從這裡發展出來的。節約式創新是想找到低成本的即興創作，以及快速上手的解決方法。而簡約式工程主要強調的是，以負擔得起的成本，做出品質優良、功能接近完美的產品。

節儉不表示吝嗇，簡約也不是只重視壓低成本，而是充分利用花費的金錢，從中找出最高價值。**節儉其實是一種企業態度，亦即花較少的錢，達到更多目標**。簡約式工程重視的是：

- 達到創新、近乎完美的產品方案，符合成本效益。

- 適當地重新調整製造過程，讓製造成本降到最低。
- 確定製造的產品有最完整的功能。
- 若無法為產品功能性增加價值，就刪減掉不必要的程序和成本。
- 讓功能性維持在合理範圍內，通常是標準產品品質的九〇至九五%。

另一個類似的現象，叫做中國式創新（Chinovation）。這是指中國公司以極便宜的價格，加上創新的方式來製造商品。如此就能以低價，將商品賣到世界各地；便宜的價格使得大眾選擇中國的商品，而捨棄本地商品。然而，產品品質和安全性一直都是最大的問題，尤其最近發現許多賣到印度的中國玩具，都有這樣的問題。

節約式創新是一種創業家做事的方式。在已開發國家的企業家，可能會因為缺乏建立大型製造設備的資源，才產生一些節約式創新的產品想法。然而在印度，節約式創新的實踐者會從小處開始，妥善地使用這種技巧。

實際行動

想想你能否為企業提出既符合成本效益、又創新的產品方案。

27 — 化被動為主動的管理方式

天堂與地獄（禪宗故事）

有個偉大的國王四處征討敵人，在征服了附近幾個城邦後，他決定返回自己的國家。回程途中，國王看見一位僧侶正在靜坐冥想，他心裡突然有股欲望，想要追求宗教之道，學習如何在死後能夠上天堂。

他走向那名僧侶，以宏亮堅定的聲音命令道：「僧侶，回答我的問題。」僧侶睜開眼睛，但是保持沉默。

「告訴我去天堂或地獄的方法。」國王說。

「你是誰？」僧侶問道。

「我是擁有七個城邦的偉大國王。」

「但是我覺得你不像什麼國王，我敢說你是假冒的。」僧侶說。

聽到這話，國王非常生氣，他怒氣沖沖地抽出劍，舉劍作勢要殺了僧侶。僧侶依然平靜沉著，並且冷冷地説道：「現在你知道去地獄的方法了。你已經在地獄裡燃燒，憤怒必定會讓你進入地獄。」

國王對僧侶的話感到吃驚，他覺得很不好意思，立刻把劍收回，在僧侶面前鞠躬，請求他的原諒。國王這麼做之後，僧侶又説：「你看，我現在就在天堂，因為寬恕必定會帶你進入天堂。」

受到這番教訓之後，國王立刻離開，並且在心中發誓，自己必定會實踐從僧侶身上學到的事情。

—**學習重點**— 天堂和地獄都在我們心中。

「改變的方法，就是主動準備並積極行動。」

——奧塔薇亞・史班森（Octavia Spencer）

在故事中，那位國王的舉動可被區分為：

- **行動**：國王提出問題就是一個行動。
- **被動反應**：他對僧侶的回答感到憤怒，抽出劍作勢要殺僧侶，就是被動反應。
- **主動行動**：他朝僧侶鞠躬，請求原諒，就是主動行動。

被動反應指的是一個人對別人的行為或發生的事件，所做出的回應。而主動行動則是有開啟性質的行動，用來創造想要的情境，或是控制難以預期及不希望發生的情境。主管的行動也是如此，若不是被動反應，就是事先主動處理偶發的困難狀況。被動管理是當事件發生時，才根據不同的狀況處理。主動管理則是預測各種不同的狀況，事先計畫要如何處理。

被動的方式，依據的前提是「如果某件事可能出錯，就一定會出錯」；它是疑難排解式的方法，認為應該根據情況做出反應，而非事前預防。主動的方式則是認為「及時縫一針，以免日後補九針」；注重預防與先發制人，強調事先計畫，把預期問題的影響降到最低。這兩種管理方式，最顯著的差異如下：

- 被動反應的主管，根據不同情境回應，把事情做對；主動行動的主管提前預防問題，做對的事情。
- 被動反應的主管等待事情發生；主動行動的主管讓事情發生。
- 被動反應的主管受環境所逼時，才會改變；主動行動的主管對任何需要改變之處，會先主動改變。
- 被動反應的主管認為應當中央集權、統一控制；主動行動的主管則較開放且願意協力合作。
- 在被動反應的企業中，氣氛總是充滿壓力與挫折。
- 採取主動行動管理的企業，會替員工營造學習、發展與成長的氛圍。
- 被動反應的主管不會從危機中學習，也不會評估如何預防意外再發生；主動行動的主管會從危機中學習經驗。

被動反應的主管，花大把時間解決問題；主動行動的主管則持續分析與改善做事流程。被動反應的主管傾向根據直覺行動、根據情況倉促反應，而且不會深入探討問題，多少有些專制獨裁。

被動反應的管理方式

被動反應的管理方式，引起的不良影響是：只根據手邊的問題做出反應，無法真正消除問題。因此，這些問題可能重複上演。他們採用滅火式的舉動，無法對某些危機狀況，提供適當或理想的反應。被動反應的主管在滅火的過程中，會忽視看來微小卻重要的事件，這些事件可能如滾雪球般，逐漸演變成更大的問題。

被動處理的問題，某部分的負面影響會繼續被漠視。這些被漠視的事件引起的負面影響，還是得由企業吸收。而且這些負面影響不會自動消失，可能會繼續累積，直到某天引發災難性的後果。

其實，被動反應的管理也不總是那麼糟糕，在下述狀況中，或許就很適用：

- 對困惑、焦躁或失衡的狀況做出反應，重新恢復應有的秩序。

- 處理預料之外、急需快速反應的情形。
- 危機、災難、慘敗或緊急的情況。

不過，如果要用於制度化和長期管理時，**被動反應的方式就會導致緊繃的關係、團隊成員感到挫敗、員工道德低落、產能或服務品質降低，還會降低企業改變的彈性**。

被動反應的主管容易有種習慣，他們並未仔細衡量各種情況，就急於做出反應。回應部屬的要求時，他們可能會急促反應，而傷害到部屬的感情與動機。舉例來說，一個員工想要請假，但主管可能考慮到生產日期緊湊，於是斷然拒絕。此時，員工因為沒有機會解釋請假原因，就被直接拒絕，而覺得情緒受到傷害。畢竟請假的原因，可能是員工的近親有健康方面的緊急狀況。

主動行動的優勢

主動行動的管理，強調要以有系統、有計畫的方式，處理問題或發生的事件。**主動行動的主管會分析異常現象的原因，搞清楚為什麼發生這種事。一旦找出確切的原因，**

就會採取必要的步驟，移除這個成因。他們會從逆境與阻礙中學習教訓，先評估狀況，才決定要怎麼反應。

而且他們採取任何決定前，會先深入探索眼前的問題，深思熟慮之後才決定。這些主管以冷靜、平穩和客觀的方式陳述決定，不管做什麼，都把不斷追求卓越當作自己的目標。也願意鼓勵團隊成員提出新想法，珍惜團隊員工的成果，適當地詢問員工想法，而不是一味責備或訓斥。

要從被動反應管理，轉變為主動方式的管理，以下是一些訣竅：

- 做有必要的計畫，準備重要活動的日程表。
- 替各種活動排次序，專注於重要目標上。
- 學習好好管理自己的時間，把時間管理的技巧，運用於及時完成重要任務上。
- 預測可能發生的問題，事先準備好偶發事件的處理方案。
- 持續分析工作程序，一有需要就即時改善。
- 鼓勵團隊成員提出簡化程序和步驟的方法。
- 可以委派的工作就指派出去，也別忘了隨時掌握進度。

在本節的故事中，還有另一個重點，它非常適合用來解釋管理憤怒的方法，提醒我們：憤怒會對我們的頭腦、身體和心靈造成嚴重傷害。如果帶著憤怒做出反應，就是把自己關在個人的地獄裡燃燒。

藉由保持冷靜沉著，就可以預先管理憤怒。同時，注意一句話背後的意圖，這會比只聽那句話說什麼重要多了。因為預先行動的人總是專注於問題，而不會針對人。

實際行動

下次處理問題時，記得要採取主動行動的方式。

28 — 行動與不動的哲學

三隻魚的故事（梵文寓言故事）

有三隻大魚住在一個大池塘裡，池水來自一條流動的小溪。因為池塘位在森林深處，魚兒們不需要害怕會被漁夫抓走。但是有一天，一位漁夫正好發現這個池塘，他非常想在此處獲得大豐收，於是解開漁網，把網撒進池塘裡。

其中一隻魚看到漁夫，明白他的企圖，於是告訴另外兩隻魚：「我們趕快游到下游，別讓漁夫抓到我們。」說完，牠立即往下游移動，很快就游出漁夫的撒網範圍。另外兩隻魚並不在意牠提出的審慎建議，沒有跟著到下游去。沒多久，漁夫收網，抓到了這兩隻魚。

不過，其中一隻魚在漁網上翻身，高高地跳了起來，掉回池塘裡，牠立刻往下游移動，也逃過了漁夫的捕捉。第三隻魚什麼也沒做，就只能痛苦地死去。

—**學習重點**— 行動比不動來得好，而預先行動又比行動更好。

「行動總有風險與代價，但是遠遠不及毫無作為的極大風險。」

——約翰．甘迺迪（John F. Kennedy）

故事中的三隻魚，牠們的行為可以分類為：

- **預先行動：**第一隻魚預先採取行動，保住自己的性命。
- **行動：**第二隻魚在情勢所逼下，也行動了，牠的行為不是被動的，因為激發牠做出此舉，乃是源於自己而非外來的力量。
- **不動：**第三隻魚完全沒有行動，這就是不動。

在上一節已經花了些許篇幅討論「預先行動」，現在要來分析行動與不動。「不行動」總是被描述為負面的事情。在商業世界中，總是強調行動的重要性，認為這是最明智的舉止。商業管理文獻中，充斥著許多名言，都在影射不行動是負面的事情，就像本節的引言中，甘迺迪也是強調不行動的代價與風險。

其他還有一些有名的格言，像是「不要問，只要做。」「不行動的成本，比犯錯的成本還要高。」「如果沒有行動，就表示你並未真的做了決定。」「任何行動都比不動來得好。」「不行動會滋養懷疑與恐懼，站出去動起來。」以上這些格言中，並未真的領略不動的重要性。其實，不動總是被大家誤解。在商業管理使用的眾多決策模式中，竟然都沒有提到：**「不動」也是可能且可行的方法**，這真是叫人驚訝。

主管得全神貫注地對企業的各種事件採取相應行動。關於行動的一些重點如下：

- 要成功管理企業的大小事，行動絕對是必要的。
- 對某些事件採取即時且適當的行動，對企業的生存與成功極為重要。
- 面對這類重要事件，若不採取行動，可能導致毀滅性的後果。
- 當情勢需要主管做出決定性的行動，但主管什麼都沒做的話，便應當受到譴責，甚至不可原諒。

那麼，到底什麼是不動呢？不動經常會和不行動、來不及行動，或沒有決斷力混淆。「不動」這個概念，可參考下述解釋，會比較容易理解：

- 不動和決定不做是有差別的。
- 即使決定不做，也是個實實在在的決定。

- 決定不做，其實就是一種行動，表示以行動拒絕。
- 在不明朗的局勢中，刻意暫緩決策並非不動，而是決定此刻先不要做出決策。
- 採取等待觀望的姿態並非不動，在模糊不清的情勢中，這種姿態可能是必要的。
- 由於沒有完整的資訊可供參考，因此先不做決定，這也不是不動。

不動和上述所言皆不同，**不動是主管確實深思熟慮後，做出不要行動的決定**。當「是」與「否」都不是理想的選擇時，一種「維持現狀」的決定。對企業而言，在某些狀況中，不動可能是必須甚至有益的。例如，下列狀況發生時，就最好不動：

- 對牽涉到道德與利益、進退兩難的局面做決定時。
- 這個行為可能有極高且不成比例的風險時。
- 由於沒有得到完整資訊，主管對狀況的認知很模糊時。
- 情勢發展不確定，必須等到某些明朗的狀況出現時。
- 給成長緩慢的產品更多資源，可能反而疏於關注成長快速的產品。
- 工會提出不尋常的要求，如增加過高的薪資或福利，而主管想讓需求降到合理範圍，如果沒有做出任何決定，隨著時間過去，有些要求就會失去力量了。

企業要成功，承擔風險確實很重要，但是承擔輕率不思考的風險，對企業就相當不利。如果沒有確定的方向，只是為了行動而行動，可能非常危險。

將不動當成暫時的策略

行動也有代價和風險，有些行動會使企業遭受損失、浪費資源，例如：倉促行動或當情況不明確、充滿變數時，也有可能是決策者不知道應該追求什麼目標，以及沒有廣泛地審慎評估情勢。

由此可知，行動不全然有成效。例如，主管發現公司許多地方都需要資源，希望採取行動滿足這些需要，就需要配置資源。但是主管必須謹慎配置公司資源，才能得到最佳的產量。把資源撥給某件事情，就會使其他地方可用的資源變少。因此採取行動，也可能導致不良後果。

我認識一位主管，當他管理的單位請求配置更多員工、電腦和家具等資源時，他只是歸檔而不處理。底下的人覺得這位主管不在乎他們的正當要求，但他的不動是有原因的，只有真的急需資源的單位，才會不斷提醒他。事實上，他是故意不動，才能把資源配置給真正需要的單位。

不動是把雙面刃，在需要行動的情況下，不動會令企業暴露在極大的風險中，例如，對企業的經營造成威脅、企業名譽或形象受到損害、造成重大財務損失、危害到企業生存，或是損害企業對供應商、經銷商和消費者的信譽。

因此，不動最好還是當成暫時的策略，只能執行一小段時間。情況一旦有變，或是有明確的狀況出現時，這種不動的姿態就要改變。當倉促決定可能會付出龐大代價時，寧可選擇不動，便能為主管多爭取一點時間來處理事件。

在狀況不明朗、痛苦悲傷、混亂困惑的時候，按兵不動或「觀望」的姿態，是比行動更有智慧的處理方法。因此，不動並非總是像大家以為的那般負面。

實際行動

在不動會有更好結果的狀況下，卻做出倉促的決定，請分析此決定是否妥當。

第 4 章

基本常識也需要管理

面對各方的期待時，不能試圖滿足所有人／自己的目標要與企業的目標整合／弄清楚事情脈絡再做決策／評估效益，把非核心的工作委外／設立願景，激勵員工／鼓勵員工提問

29 管理來自各方的期待

父子騎驢

有一對父子要前往隔壁小鎮購買生活用品，他們帶了一頭驢子，但是兩個人卻都用走的。有個路人看見，就說：「你們的驢子又沒有背東西，為什麼你們要用走的呢？」

聽路人這麼說，父親就叫兒子騎到驢子背上。過了一會兒，另一個路人責備這位兒子：「你真是一點都不孝順，老父親走路，你卻開開心心地騎驢子。」聽到這番話，兒子就從驢背上跳下來，請父親騎驢子。

過了幾分鐘，另一個人又評論道：「怎麼回事！難道你不疼愛年幼的兒子嗎？怎麼可以讓他走路，你卻開開心心地被驢子載呢？」聽了這話，父親就叫兒子和他一起騎驢子。

又過了一會兒，他們碰到第四個路人說：「你們這兩個殘忍的傢伙！一點憐憫之心也沒有，竟然讓驢子背負超出負擔的重量。難道你們希望牠因此被壓垮嗎？」

這下子，他們兩個人都爬下來，討論了一會兒。剩下唯一的選擇，就是扛起這隻驢子，於是兩人把驢子扛在肩上，繼續他們的旅程。當他們抵達小鎮時，看到的人們都嘲笑他們。

他們放下驢子，對嘲笑的群眾大吼：「我們這麼做是為了迎合他人，現在倒是告訴我們，到底要怎樣才能讓每個人都滿意？」

—**學習重點**— 在這個世界上，很難讓所有人都滿意。

「我不知道保證成功的方法，但是保證失敗的方法，就是試圖滿足所有人。」

——比爾．寇司比（Bill Cosby）

故事中的這對父子，為了要滿足所有人，度過了一段煎熬的時光。的確，對任何人來說，試圖滿足所有人絕對是艱難的任務。尤其身為主管，想讓每個人都滿意更是艱難無比。

在企業中，主管扮演著複雜又多樣的角色，他們處理各式各樣的任務、職務和活動；被要求將自己的職責，與企業中其他人的職責協調合作。而且必須與自己的同儕、下屬和上司打交道，在整個過程中，面對來自四面八方的各種期待，例如：來自內部，像是上司、下屬和同儕的期待。來自外部，像是供應商、經銷商和顧客。環境中的其他期待，像是法規、環保人士、當地社群和政治人物。

主管這份工作的本質，就是管理各種期待。**這個角色需要聽取來自各方的期待，手中最艱鉅的任務，就是同時滿足所有的期待**。他必須管理與平衡各種期待，才能有效地做好自己的工作。會對主管抱有期待的人，包括：

- **上司：**期待他提供良好的支援、有效率地達成指派的目標、達成表現目標並經常呈報進度。
- **下屬：**期待他給予必須的資源、指引與鼓勵，讓他們達成指派的任務。
- **同儕：**期待和他一起合作，並善用其角色與他們配合。
- **工會：**期待他改善工作環境品質、推薦員工福利方案、提升利益並移除懸殊差異。
- **顧客：**期待詳盡的資訊、有效率且個人化的服務、回應顧客的時間加快等。
- **家庭成員：**期待他多花點時間、全心全意地陪伴家人。

不僅如此，主管還要想辦法平衡自己對工作的期待，以及背負的外界期待，畢竟主管本身也必須在職場中有所提升。滿足各界的所有期待，只有當他對這份工作的抱負也得到滿足時，才是有意義的。如果他要照顧家人，那麼家庭成員也會有一些期待。

此外，他必須保持工作與生活的平衡。想要擁有一個有意義的專業生活，保持工作與生活的平衡便非常重要。加拿大的研究報告指出，每四個員工中，就有一個正面對工作與家庭生活的極度失衡。

如何避免被期待壓垮？

所有期待都需要主管付出時間和精力，不過，並非都和他們的工作有關，有些期待也許和主管的角色無關，甚至和更廣泛的工作目標也無關。這種不一致的需求，經常會使得主管的注意力被分散，難以專心追求目標。

這類需求對主管的工作會造成不良影響，包括：浪費時間和精力，導致表現不盡理想；造成困惑、混亂和迷失方向，工作與生活嚴重失衡；專業目標與個人目標有衝突，也會轉移其專注力，無法有效率地扮演好自己的角色。而且憤怒、沮喪和浪費掉的時間，都會令工作壓力更大，最後對公司感到失望。

主管想要滿足來自各界的期待，確實非常困難。有些期待甚至彼此矛盾，像是：老闆希望他提高生產力，但工會希望他給予更多休息時間；重要的顧客希望他做出一些讓步，但老闆希望他堅守所有底線；人資經理希望他派一些員工去接受訓練，但是他需要人手，才能在交貨期限前把東西趕完。

所以，主管在管理這些期待時，不能也不應該試圖滿足所有人。**想讓每個人都滿意，只會導致大混亂**。因此，主管應該要：

- 在互相衝突的需求和利益之間，權衡後取得平衡。
- 有效地解決和整合衝突、利益，確保企業得到最大的好處。
- 符合企業任務的期待，擺在最優先的位置。
- 避免犧牲某一方，去滿足另一方的期待。這只會讓主管被貼上偏袒的標籤。
- 不要只想受眾人歡迎，如果因此導致表現不佳，人氣也幫不上什麼忙。
- 不管做什麼，都要秉持公平、不偏頗的態度。
- 為了公司的利益著想，即使是令人不悅的決定也必須執行，不能對任何人有偏見。

關於管理各種期待，以下是給主管的幾個小祕訣：

- 根據手中的資源，替各種期待和需求排序。
- 學習禮貌而堅定地說「不」。
- 聽所有人說話，但是只在親自評估所有資訊、分析過情勢後，才下決定。
- 別管其他人說什麼或怎麼看你。別人的意見很重要，但你對自己的看法更重要。
- 只以自己的感覺和信念為標準，測試你的行動和決定。
- 拒絕他人不合理的要求。

- 必須堅定。不過要記住，堅定不等於咄咄逼人。
- 謹慎地辨別「別人希望你做到」和「你必須做到的」。
- 別因為別人希望你做某件事，你就去做。唯有那是必須做到的事情時，才去做。
- 根據重要程度，替各種期待分類。
- 當期待互相衝突時，分辨哪些必須達成，哪些應該忽略。

處理互相衝突的期待時，經常必須妥協，但妥協也常造成不良後果。若能適當地混合使用平衡與協商技巧，也能妥善處理彼此衝突的期待，就能達到各方皆贏的局面。

實際行動

列出各方對你的期待，根據重要程度，替這些期待排序，並依順序好好管理。

30　管理部門間的競爭衝突

這件事跟誰有關係？

有一群學生到鄉下野餐，他們找了一個合適的地點紮營，在附近到處閒逛。沒多久，有人肚子餓了，於是他們用石頭搭了一個簡陋的爐灶，開始生火、煮印度米布丁。

其中一個學生看見有位苦行者坐在附近的樹下，於是走過去對他說：「巴巴吉（上師），我們在準備米布丁。」苦行者以冷淡而平靜的口吻回答：「那跟**我**有什麼關係？」

學生回答：「巴巴吉，你也可以來吃一點。」苦行者用同樣冷靜沉著的口吻回答：「那麼，這跟**你**又有什麼關係？」

—**學習重點**—最好遠離那些跟你沒關係的事情。

「我真正關心的不是你失敗與否，而是你是否甘於失敗。」

——林肯（Abraham Lincoln）

「與我無關」這句話經常被用來表示，人們對某件事或某個人漠不關心。主管也經常使用這句話，在商業機構中，這句話的其他版本，像是「這不關我的事。」「那麼，這是誰該在乎的事啊？」「反正你很關心，那我何必費心？」「我關心的是完全不同的事情。」「既然這是我的事，你就不必費心了。」「唯一該在乎這件事情的人，就是某某經理。」

每家企業都在追求某些目標，這些目標被分拆後，進一步分派出不同的功能。多種功能又會被編排至不同部門中，像是生產、財務、行銷、人資、會計等，才能得到功能專門化的好處。所有功能的目標都成功達到後，通常也要集中歸於企業，讓企業達成最終目標。

但是，這些分工如果變得太過精細，就會導致每個部門都有不同的優先順序，所以不同部門之間偶爾發生利益衝突，也是很平常的事。因此，功能專門化也有其危險之處，可能反而變成一種障礙，而非有幫助的事情。有時在企業中，功能專門化本身就是個問題，它的負面現象包括：

- 每個部門只追求自己的目標，完全不顧其他部門的目標。
- 功能經理（Functional manager）[8]忽略與其他功能合作的重要性。
- 部門經理忽略企業的全面目標。

有些眼界狹窄的功能經理，會一頭栽進自己狹隘且受限的目標，這種主管容易不斷擴張自己部門或單位的利益，不願意去看自己狹窄操作範圍外的事物。完全沒有注意，要統合自己和其他部門的目標；認為自己負責的領域，比其他領域重要。而且忽略這項事實：**企業裡的所有部門必須完美合作，才能達成全面的目標**。

這種眼界狹隘的主管，可能造成其他部門運作上的困難。在他們造成的各種問題中，最嚴重的就是缺乏協調合作的能力，例如：

- 庫存管理的主管採用原料及時運送的方式，來減少庫存的成本。但是這樣可能影

8 負責某專業或功能相關活動的經理，是功能性的主管。亦稱職能經理。

響生產部門的效率，因為某些機器的閒置時間會增加。

- 生產部門必須緊急更換機器，但是財務經理安排的購買時間，需要符合未來的現金流，才能讓投資回報率最大化。
- 生產部門對最暢銷的產品提出一些改變的建議，但行銷經理拒絕了，理由是擔心銷售量下滑。然而事實上，要讓產品繼續留在市場上，那些改變是必須的。

這裡有個實例，可說明不同部門間的利益衝突，這是發生在人壽保險公司裡，開發員工與核保員工之間的事。事情是這樣的：開發員工必須達成特定的目標，他們努力工作賣保險。核保員工的任務則是對受保人做風險評估，減少訂單。核保員工可能會拒絕某些提案，或要求提供更詳細的醫療資訊。這可能導致某些客戶的保單被拒絕或延遲生效。開發員工就得面對生氣的客戶，但是核保員工其實只是完成自己被指派的工作。

部門間競爭與合作的平衡點

部門經理確實有權力優先執行各自的功能。事實上，他們之間有競爭是必要的，而且最好如此。但同時，所有部門也必須將自己的功能，與其他部門協調良好，才能達成企業的全面目標。因此，主管必須記住：

- 如果企業整體無法表現優異，就算有某個部門相當傑出，也毫無意義。
- 部門劃分太過清楚，對企業整體利益絕非好事。
- 這種方式可能對企業造成嚴重災禍。
- 企業中的所有部門都同樣重要。
- 每個部門應該以獨特的方式，貢獻自己的成就。
- 每個部門應該根據企業目標，彼此協調、聯合運作。

不同部門間的利益衝突，可能會妨礙企業整體目標的達成，因此，應該竭盡所能避免這些衝突產生。執行長有責任協調不同部門間的活動，他必須以嚴厲的姿態，解決內部功能的衝突。**執行長必須在乎的事，應該是確保每個人都關心企業整體關心的事情**。他必須確認各部門關心的不同事物，不會妨礙到企業關心的事。在不同部門間建立足夠的合作、團結和協作精神。整體的表現，永遠比各部門表現加總起來更顯著。

因此，成功且進取的企業，總是傾向透過人力資源部門主動採取行動，如企業發展介入、管理審查等，來推廣部門之間的合作。鼓勵職位輪調，培養全能主管，讓他們足以帶領任何部門。定期在部門間輪調的主管，可藉此拓展視野，看見企業的全貌。

另外，有接班人計畫也十分重要，可找出有潛力的候選人，來帶領不同單位。每隔一段時間，就把候選主管輪調到其他部門，藉此讓他們看到企業全面與整合的樣貌。最後將他們放在未來要負責的單位主管底下。全世界最成功的執行長們，都是這樣訓練出來的。

實際行動

找出你的部門有哪些目標和其他部門相互衝突，制訂一個行動計畫，讓這些目標能符合企業全面的目標。

31 —— 管理你的老闆

稀有的客人（印度民間故事）

波巴爾的妻子喜歡製作漂亮的頭巾，有一次她做了一條華麗的絲質頭巾，上頭繡了大量金色絲線，還鑲嵌了幾顆珍貴的寶石，頭巾的成本是一百枚金幣。波巴爾把頭巾呈給阿卡巴國王，打算賣給他。

阿卡巴國王問：「波巴爾，這個多少錢？」

波巴爾回答：「一千枚金幣，偉大的國王。」

阿卡巴非常驚訝，一條頭巾竟然價格這麼高，他問：「但是這條頭巾並未稀有到值如此高的價錢吧？」

「頭巾或許沒那麼稀有，但是像陛下這樣的顧客是很稀有的。」

「但我覺得不可能有其他人會用這個價格買下。」阿卡巴國王回嘴。

「陛下，這就是為什麼我沒拿給其他人，只拿來賣給您。買家必須具備雄厚財力和寬大心胸，才能買下這條頭巾。而整個王國裡，只有您同時具備這兩項特質。」波巴爾平靜地回答。

「如果我命令宮廷侍衛強制沒收呢？那你可就一毛也拿不到了。」

「陛下，您一直都是公平公正，我知道您不會沒收這條頭巾，讓您的名譽受損。」

「那如果我命令你送給你的國王，你敢不服從嗎？」

「當然不敢。但是我知道，陛下會賞賜豐厚的回禮，給那些送禮物給他的人。」波巴爾俏皮地回答。

阿卡巴國王被波巴爾機智的回答搞到無話可說，於是命令掌管財務的官員，花一千枚金幣買下這條頭巾。

—**學習重點**— 有智慧的人，會運用技巧處理預料之外的狀況。

「如果不是有壞老闆，我怎會知道好老闆是什麼樣子。」

——拜倫・帕西佛（Byron Pulsifer）

「管理你的老闆」這句話，可能讓人覺得有幾種意思：影響老闆，誘使他做出一些改變；用隱藏或不道德的手段，暗中操控老闆；耍花招讓老闆答應給予一些個人的好處；或者，操控老闆，得到某些不公平的好處。

有些老闆會加以防範，不讓上述狀況發生。大家一般的觀念是，下屬會想辦法使用不道德或不正直的手段，去管理他們的老闆。也因此，有些老闆可能對這種觀念帶有疑心。不過這裡所說的「管理你的老闆」並非如此，主要的內容如下：

- 管理的藝術中，關鍵就是管理人際關係，管理你的老闆也是如此。
- 基本上，就是管理老闆與部屬之間的關係。
- 管理老闆這件事對部屬的重要性，就跟老闆管理部屬一樣重要。
- 主管必須把管理自己與老闆的專業關係，當作優先處理的事件之一。

老闆和部屬的關係，從來就不是一條單向道。根據杜拉克的說法，主管必須協調與整合自身的功能，不論是與上層、下屬，或是和同階層的人。這樣看來，身為部屬的人，也應該藉由管理與上層的關係，來管理自己的老闆。

管理彼此的關係，對部屬和老闆雙方都很重要，因為雙方都需要倚賴對方，才能成功發揮自己的角色。以更大的格局來看，正是部屬的表現決定了老闆的表現。如果部屬不能在指定的時間或成本內，達成被指派的任務，那麼老闆也不可能成功。同樣地，部屬也希望老闆可以提供足夠的高品質資源，並且引導他們完成任務。

因此說穿了，**老闆與部屬的關係不過就是互惠的期待，兩方面都應該好好管理這段關係，才能有效地完成工作，達成企業的全面目標**。

部屬在管理與老闆的關係時，容易有些預設的想法。這些想法可能是有害的，甚至危害到他們的利益。這類有害的想法像是：

- 老闆知道怎樣才是對的，如果我做錯什麼，他會指出來。
- 我是老闆最喜歡的員工，他會給我比其他人更多的資源。
- 老闆什麼都知道，不需要一直報告最新的進展。
- 老闆不需要知道我執行的所有事情的進度。

- 老闆有大把時間可以聽我的問題和願望清單。
- 我很清楚老闆所有的期待和重點所在。
- 老闆只想聽到好消息，不喜歡聽到任何壞消息。

然而，這不過是個人的假設，根本不是真實的。因此，部屬一定要避免這樣的想法，才能和老闆維持對雙方有利且成功的關係。

有效管理與老闆的關係

理解老闆的目標和優先重點，以及為了支援他達成目標，老闆對你的期待是什麼。這樣就能確保你的行動和老闆的目標一致，有效管理你和老闆之間的關係。以下分別說明具體要點。

認識你自己：能確保你的行動符合老闆的目標。清楚你在自己的角色中有哪些需求，才能正確安排做事的優先順序。了解自己個性的優點與缺點，分辨自己的強項和弱點，分析該怎麼發揮強項、控制弱點，有效地執行工作。而且，清楚你需要老闆給予多大的空間，思考自己的工作方式，了解「要做好你被指派的角色，需要多大的自治權？」「你能夠把不時冒出來的問題處理好嗎？」「你經常需要老闆給予詳細的指示嗎？」「若你經常尋求老闆的指示，老闆對此有什麼感覺？」

調整你的優先順序：老闆都希望部屬的做事方法，是能夠幫助他們達成目標，因此員工做事的優先順序，要和老闆的順序和諧一致。調整你的工作方式，使其完美地符合老闆的工作方式。

提供解決方案：部屬都想要老闆聆聽他們遇到的問題，但是大部分老闆都不喜歡聆聽問題，因此，與老闆交談時，避免只是一味訴說問題；事先想出一些可能的解決方法，提出來與老闆討論。

證明自己的可靠度：老闆期待部屬在時限內完成工作，因此，知道截止期限時，就要對老闆說實話，不要承諾你做不到，或是根本不打算做的事情。如果承諾在期限內完成，就一定要做到。

記住，老闆不喜歡到了最後一刻才被拖延，如果沒辦法在期限內做完，及早告知老闆，並且說明延誤的理由。

隨時報告老闆：當部屬做了值得嘉許的事情，都喜歡報告老闆。這樣當然很好，但是大部分老闆只有在聽績效報告時，才知道哪些東西沒做到。老闆並不喜歡這種突然的感覺，就算你的表現不佳，也要連同理由一起報告。

尊重老闆的時間：記住，老闆有很多跟你一樣的部屬要管理，他可沒有用不完的時間，去聆聽你的問題和困擾，所以請尊重老闆的時間，不要找他討論你可以自行處理的小事。

主管必須努力將自己的目標，和老闆與企業的目標整合，不論往上或往下，才能讓自己的功能與其他人達到和諧一致。這樣一來，就能把自己的角色和上司的角色完美地結合。

實際行動

想想你可以如何調整做事的優先順序，以利配合老闆。

32 管理基本常識

基本常識

有個伐木工人正在砍自己坐著的那根樹枝，一位路人看到，便說：「先生，你會和那根樹枝一起摔下來，坐在別根樹枝上吧。」

但伐木工人沒有聽從路人的意見，沒多久，樹枝被砍斷，他就跟著樹枝一起摔下來。伐木工人覺得那位路人一定是偉大的占星師，才能如此準確地預測。

於是他追了上去，抓住那位路人，說：「先生，你真是個偉大的占星師，你準確預測到我會從樹上摔下來，現在請告訴我，我未來會發生什麼事。」

「我不是什麼占星師，」路人回答：「我之所以能夠預測到結果，是因為有基本常識，而你顯然沒有基本常識。你坐在自己正在砍的樹枝上，當然會跟著樹枝一起掉下來啊。」

—學習重點— 基本常識是世界上最不基本的東西。

「如果你正在躲藏，就不要點燈。」

——無名氏

基本常識確實是世界上最不基本的東西。在商業世界中，基本常識管理是一種持開放態度、非正統、視情況而異的管理方式。有彈性、講求實際、具實用性，都是基本常識管理的特色。

「基本常識」主管是非常實際的主管，做決定時，會客觀地尋找並善用資訊與意見，目標是達到最佳化而不是最大化。

這類主管不會把目標放在凡事都得百分之百完美。不過，不管他們做什麼，都會做得非常好，不會單憑直覺或感覺，就做出策略性的決定。他們的決定都是根據內部能力，再加上外部環境的評估。而且會以創意思考，找出問題是否有其他可能的解決方案，並相信團隊合作，將他們的目標與企業的整體目標結合。而且做事情的時候，很清楚自己為什麼必須這麼做。

基本常識管理不會取代任何傳統的管理活動，像是計畫、人員配置、控制等，而是將這些與企業的整體目標結合，也就是達到企業的願景和目標。基本常識管理更著重於最後的結果，而不只是計畫。

企業的未來絕對不是固定安排好的，他們可能因為各種原因，被迫快速改變，像是：企業所屬的環境中，發生了造成混亂的改變。或是，預料之外的事件威脅，使他們無法穩定執行計畫；變化無常的經濟狀況和不確定的商業趨勢；消費者的喜好和需求改變快速等。

企業可以利用基本常識管理，有效處理因為難以預料、變化無常、下降趨勢和不順利的情況，所引起而非接受不可的改變。基本常識管理讓企業有能力把不確定與威脅，轉變為機會和優勢。企業可以利用基本常識管理的方法如下：

- 注意外界情況，看出機會與威脅。
- 注意內部狀況，了解強項、能力和弱點。
- 鉅細靡遺地了解外面的環境，預見未來的發展趨勢。
- 確實地了解客戶需求與喜好。
- 建立各種蒐集意見的管道，確實感受市場脈動。
- 對外在環境的改變，要以有想像力、創新的方式回應。

- 讓企業內部的所有活動，都朝著企業目標進行。
- 有足夠的彈性，在發生預料之外的事件或改變時，可以採納新計畫。
- 即使有各種不確定和阻礙，還是堅持專注於整體目標。

基本常識管理的方法，非常適合用來設定目標。基本常識主管不認同把目標設得高不可及，他們發現**如果設定目標時，沒有考慮基本常識，那麼目標就變得不切實際，也無法達成，如此便會成為降低團隊動力的因素**。團隊成員會因為不合理的目標，而變得沮喪。他們可能根本沒有嘗試，就直接放棄了。

從目標設定到制定決策

有些管理大師倡導：「你不去要求的東西，你就得不到。」設定目標時，還有一句非常有理的論述：「目標設得高，成就也就高。」但是，這兩句話並非永遠正確。如果目標高得不合理，對團隊成員而言，要奮力不懈地做到，可能極為困難，因此，應該要把「要求」和「要求太多」區分清楚；了解「高」、「非常高」和「可能範圍內的最高」

之間的差別，確定目標不會不切實際。

基本常識主管堅信，團隊合作最能達成目標，他們把目標設定當成激勵團隊成員的工具。根據這樣的方式，為自己的部屬設定目標時，目標高度是合理的，可以當作挑戰和激勵員工的因素。

如果有些人由於未預料到的因素，導致表現未達標準，可由超出標準者的成果來補償，藉此達成團隊的整體目標。**在團隊中營造支持並鼓勵優異表現的文化，鼓勵團隊成員，讓個人表現超出標準，那麼整體表現也能跟著超標**。而在為團隊目標努力時，確定所有成員都投入其中，使用有彈性但仍維持一定標準的方式，評估團隊的表現。

身為主管可能經常得面對以下情形：

- 現有的資訊不足夠。
- 企業沒有任何政策可以處理眼下的狀況。
- 現存的政策沒有提到某種特殊情形。
- 沒有前例可以遵循。

這時，基本常識就變得格外重要。在這些狀況中，分析成本效益有助於立下決策。

舉例來說，有個客戶因為覺得服務不佳，揚言要對公司提出告訴，這時該付賠償金，還是準備採取法律行動？如果採取法律途徑的成本高於賠償金，那麼支付賠償金就是基本常識。

基本常識管理也能幫助主管，當遇到進退兩難的情境時，該怎麼決定合適的策略。在以下狀況中，基本常識就是非常必要的方法：

- 有一項產品目前占有市場龍頭地位，但是已經沒有利潤，而邊際空間也相當有限，我們應該繼續生產這項產品嗎？
- 我們應該透過降價，不顧一切地擴張市占率，還是專心保護利潤邊際，同時繼續守住市占率？
- 我們應該專注於鞏固目前在市場上占有的位置，還是要冒險踏入另一個從未涉及的新市場？
- 我們應該放棄較不賺錢的產品線，還是因為那是核心產品，所以就繼續經營？

基本常識管理的另一個重點，就是根據情況的前因後果做決策。**沒有弄清楚事情脈絡而做出的決策，經常會因為失衡而失敗**，而且這種魯莽的決定，有時甚至會對企業造成毀滅的結果。

使用基本常識做決定時，弄清楚狀況是非常關鍵的，否則做出的決定，若不是太過輕微，就是反應過度。而不管是哪種，都不能算是十分周全的決定。

實際行動

分析最近你做出的三個決策，看看是否有根據基本常識而決定。

33 尋求外部資源的好時機

渴望被救贖的隱士（印度民間故事）

有個隱士非常渴望得到救贖，於是就在森林裡進行徹底的苦行。附近村莊裡的一些農夫成了他的信眾，偶爾會帶食物給他。隱士會吃下一部分，剩下的糧食儲藏起來。但是他的小屋附近有一群老鼠，牠們會來偷吃存糧，也因此害得隱士的食物無法食用。

他和信眾討論這個問題後，信眾送給他一隻貓，很快地，貓就把所有老鼠都吃掉了。結果貓沒有東西可吃，就開始干擾隱士靜坐。隱士只好又和信眾討論，這次他們送他一頭牛，如此就可以生產牛奶去餵貓。

這下子，牛也要吃東西，隱士便請來牧牛人，而牧牛人也需要食物。於是，信眾把森林地整理後，用來耕作。他們當中有些人，就在隱士的小屋附近住下，幫忙耕種土地。其中一位商人開了店，以供應這些居民的日常需求。漸漸地，愈來愈多信眾搬到這個村子，更多商人也跟著搬來，開了更多店。

不到幾個月，隱士的小屋附近就形成一個功能齊全的村莊，居民開始因為土地利用而起糾紛。

很快地，隱士發現自己整天都在處理居民的吵鬧和爭執，根本沒有時間好好修行，他那渴望得到救贖的盼望，就這麼消失在空氣之中。而這一切都始於一隻貓。

—**學習重點**— 花太多心力去獲取不必要的資源，可能令人偏離目標。

「如果你分心在尋求外部資源，但你的對手並未如此，那麼，你就是在讓自己失去競爭力。」

——李光耀

隱士只因為一隻貓，就無法繼續關注自己最珍視的目標：得到救贖。他被捲進了惡性循環，為了滿足每個冒出的需求，就得不斷獲取更多外部資源。其實他真正需要的，就只是跟信眾要一點牛奶，去餵他的貓。

企業有時也會遇到類似的棘手狀況，假設運用企業內部資源，進行一項程序或活動，就必須動用大量人力、資金和實體資源，也許既不可行又不符合效益。因此，尋求外部資源，獲取一些設備或服務，可能成為想要維持市場競爭力時，不可或缺的因素。

練習實踐這句格言：「盡你所能，其餘靠外援。」便能讓企業足以專注在核心能力上。而在這之前，還得先探討幾個問題：**我們的核心活動是什麼？非核心的活動又有哪些？哪些核心與非核心的活動，會對企業目標有直接影響？哪些則不會造成直接影響？**

在產品的行銷策略中，定價是很重要的因素。給予產品合適的定價，對企業競爭極為關鍵。沒有企業能承擔把價格訂得比競爭對手高，除非產品的區隔性相當高。想讓產品維持競爭力，企業必須專注於自身的核心能力，其他程序就向外尋求。因此，分析企業的完整操作過程，就是達到這種目的之前，必須進行的事情，例如：

- 哪些重要且核心的活動，必須在企業內部執行？哪些能策略性地尋求外部資源？
- 哪些非核心的活動，在達成企業首要目標時，是非常重要的部分，而且基於策略性的理由，必須在企業內部進行？哪些可以輕鬆地尋求外部資源？
- 額外的補充物或不重要的活動，可以直接委外嗎？
- 哪些不重要、非核心的活動是基於策略因素，必須在企業內部執行？

有幾個實例可以了解，這些分析對於是否尋求外部資源相當重要，像是：足夠的安全性很重要，但對大部分企業而言，並不是核心的活動，因此保全經常會委外，因為內部設置安全部門，成本可能更高。

此外，開出與收齊發票雖然不是核心活動，卻非常重要，因此很少委外，這些事情因為策略因素，必須在內部執行。製造包裝材料是重要且核心的活動，然而經常委外，因為具有減少成本的優勢。電塔是電信操作上重要且核心的部分，但許多電塔都是尋求外部資源，以節省資本、降低成本。

關於外部資源，必須先仔細評估的要點

節省成本是尋求外部資源的重要理由，不過決定是否委外時，應該只憑節省多少成本來決定嗎？其中充滿爭議，因此必須先思考：委外對最後成品的品質，會有什麼影響？如果尋求外部資源，服務的效率可以改善多少？外部商家是否可以信賴，能夠持續提供品質良好的服務嗎？外部商家的信譽，對企業的信譽影響有多大？

主管決定一個活動或程序需要什麼樣的資源時，需要先評估特定問題的答案。檢視以下問題的答案之後，再決定是否尋求外部資源：

- 對產品或服務而言，這個活動有核心重要性嗎？
- 根據活動的本質，是否必須在企業內部執行？
- 內部有足夠資源可以承辦嗎？
- 有其他可用的方案，讓這些資源製造最大價值嗎？
- 若把這項活動委外，代價和最終好處分別是如何？

- 透過獲取外部資源，會得到什麼附加價值？
- 有可信賴的商家，提供企業需要的服務或組件嗎？
- 委外服務會對產品或服務品質造成什麼影響？

通常，尋求外部資源的目的，就是要保持企業精簡。委外的最終好處，就是減少多餘的職位，但是裁員之前，必須先了解：精簡的機構真的能夠更快成長嗎？如果造成可用的人力資源不足，阻礙未來發展怎麼辦？如果委外後進行裁員，對員工的道德感會有什麼影響？一個精簡的機構，要如何應對不斷成長的產品需求？如果成長得比預期快，不就又得招募人才，如此一來，企業還能維持精簡嗎？

管理大師杜拉克說過，如果在自己的客廳執行某件事是不可行的，最好的方式就是到別人的客廳去做。這樣一來，比起在內部執行，委外可以讓事情更有效率、更專業也更快。**把別人拿手的事情留給別人做，可以讓企業更專注於做好自己擅長的事情**。

舉例來說，雖然大型的汽車製造商專注於其核心能力，把許多不同的組件委外製造，像是擋風玻璃、引擎火星塞、輪胎等。要製造這些組件，需要使用大量資源來製造設備，既無利可圖，也完全不值得。

目前，許多企業都採用「管理式服務供應商」模組，把企業中的一些重要部分委外。例如，Airtel（印度的電信公司）使用這個模組，成功地讓企業擴張，它們把IT方面的事務交給IBM，網路操作則交給愛立信（Ericsson）、西門子（Siemens）和阿爾卡特朗訊（Alcatel-Lucent），也把電塔委外到許多區域。

就連印度的公家機關也察覺到，尋求外部資源對生存和成長的重要性，它們愈來愈重視把非核心的活動委外，這正是它們觀點改變的證據。

實際行動

列出你所屬企業可以委外而獲利的活動，向你的老闆報告，詳述每項活動委外的優點與缺點。

34 —— 帶領企業前往正確的方向

騎馬的智者（阿拉伯智者的故事）

有一天，和納斯爾丁住在同一個鎮上的人，看見他出現奇怪的舉動。納斯爾丁以相反的方向騎在馬背上，也就是說，他面向馬的尾巴坐著。

他的朋友問道：「你為什麼要用那種方式騎馬呢？你沒發現自己面對的是反方向嗎？」納斯爾丁平靜地回答：「我面對的方向錯了又如何？至少，我的馬朝著正確的方向。」

朋友對他的回答感到非常困惑，又問：「可是，你用這種方式騎馬，怎麼到得了想要去的地方？」

納斯爾丁說：「你就別擔心我要去哪了，我的馬一定知道牠要帶我去哪。」

—學習重點— 依賴別人帶我們到想去的地方，可能會讓人失去方向感。

「想像卻不行動，是在做白日夢；行動卻不想像，則是場惡夢。」

——無名氏

在作家路易斯．凱洛（Lewis Carroll）的著作《愛麗絲夢遊仙境》（*Alice in Wonderland*）中，愛麗絲到了一個地方，前方的路分叉往兩個不同的方向，她大聲地說：「我該走哪一條路？」有個聲音問她：「你想要去哪裡呢？」愛麗絲說：「噢，隨便，我不在乎。」那個聲音又回答：「這樣的話，隨便走哪一條都可以。」

這個有趣的片段告訴我們，當我們走到交叉路口時，必須選擇一條道路。沒有人可以替我們選擇，如果不知道自己想去哪裡，就無法做出選擇。我們必須知道自己的目的地，才能選出正確的路徑。

企業也是一樣，可能會走到交叉路口，必須選擇該走的方向。但是，企業和愛麗絲不同的地方是，當企業面臨交叉路時，管理者會選擇正確的方向。

選擇正確的方向，不只對個人很重要，對企業也是一樣。企業為了存活與發展，必須不斷往正確的方向移動。但要確認這個目的，**企業的高端主管就得以清楚的詞彙，定**

義企業的目的地，詳細列出要達成什麼目標，以及如何達成。建立一個大方向，讓企業可以朝它前進，帶著企業往理想與正確的方面前進。

要達到這些目標，企業必須有定義清楚的願景和任務。將兩者綜合起來，找出企業的本質、目的、哲學與形式。所謂的願景有以下意義：

- 呈現出未來渴望達到的狀態，企業的目標就是完成它。
- 功能是指引型的標示，並提供管理的方向感。
- 清楚描述企業的未來目的地。
- 成為所有政策的源頭。
- 激勵領導人向外尋找機會，打敗對手贏得競爭。
- 遇到現行策略和規定沒有記載的狀況時，可引導人處理懷疑、困境和不確定。

任務能把願景化為行動，並定義出為了實現願景，必須完成哪些事務，同時，幫助企業制訂計畫、目標、策略、活動等。願景經常會與任務混淆，其實兩者具有相互關係，但概念不同，其顯著差別是：

- 願景定義出想像的未來；任務則規劃從現在到未來的路徑。

- 願景著重於「明天」；任務描述「今天」必須達成什麼，才能實現那個明天。
- 願景是長程的遠景；任務比較專注於當下。
- 願景說明「我們想要去哪裡？」而任務則說明「我們今天要做什麼？又是為什麼？」還有「為誰而做？為什麼而做？」

一個完整的願景，可以成為企業系統、結構和策略的起始點。不過領導人必須對企業的脈動有感覺，才能分辨企業正朝哪個方向走。否則，即使是設計得最好的結構和策略，也無法保證一定會成功。

設定適當的願景

就算企業的移動方向，只稍微偏離理想的軌道，也會因此無法達成目標。如果企業沒有朝著上層管理者想像的願景前進，員工辛苦工作和真摯的付出，便全都付諸流水。這就像我們搭上錯誤的列車，開往不同的方向，卻還希望到達最初的目的地。

因此，**持續保持適當的方向感，乃是極為重要的事情，可以說是決定企業成功，甚**

至決定企業命運的關鍵角色。

企業領導人必須隨時保持警戒，注意企業正往哪個方向走。他們必須知道企業當前的成功，不保證未來也能繼續繁榮，並且可能遭遇經濟浮動、策略錯誤，或者看不出企業模式的時刻。不安的商業趨勢會挑戰他們的策略和企業模式，經濟狀況不好，也可能會對企業發展構成傷害，導致他們的商業模式在困難和不順的商業循環中失敗。

所以企業需要適當的願景，才能生存並繁榮。有願景的領導人，對企業來說極為重要。他們可以預見未來，確定這個願景在企業繁榮或挫折時，都足以支撐企業走下去。

建立一個適當的願景，是設定目標的基礎。領導人不但要負責為企業設定正確的方向，也要帶領企業一步步朝著目標前進。而領導人也必須決定：

- 何時要改變目前的路徑，把企業轉向另一個方向？
- 企業應該什麼時候加速，或減緩移動速度？
- 要改變哪些策略，以及要改變多少才適合？
- 如何把企業帶往理想的方向？
- 如何以漸進式、有時間限制，而且明確的態度來引導改變？

當然，不可能一夜之間就改變路徑，不過共同努力一段時間後，還是可以達成。商業歷史上有豐富的實例告訴我們，只要頂層的管理者有適當的政策，以及策略性的介入，就連大象也可以美妙地跳起舞。

帶領企業往正確的方向前進時，願景就是地圖，同時也是激勵員工的工具。它讓主管可以將未來編織到決策中，也幫助企業確認今天就可以鋪下穩固基礎，才能走向更好的明天。

最後，明天是由我們今天的決定和行動打造的，因此有效的願景應該要有激發性，讓人有動機、想參與；而且要清楚、有挑戰性，確認員工全心奉獻。設定優先順序時，必須清楚指示，同時，要宣傳企業的本質和目標。

實際行動

分析企業的願景陳述方式，了解它對你的角色有什麼影響。

35 練習提出「對」的問題

蠢問題（阿拉伯智者的故事）

納斯爾丁坐在自家陽台的扶手椅上，時節已是夏天的尾聲，正是杏桃盛產的時候。納斯爾丁的親戚送給他一籃成熟的杏桃，當他吃著杏桃時，有個朋友剛好經過他家。

朋友問：「怎麼啦？你為什麼坐在扶手椅上吃杏桃呢？」

納斯爾丁立刻回答：「不然你覺得我應該要怎麼樣呢？難不成坐在杏桃上吃扶手椅嗎？」

—學習重點— 不適當的問題，就會得到不適當的答案。

「提問是學習的本質。」

——無名氏

提出適當的問題是管理的本質，若沒有疑問，就不會存在答案。毫無疑問地，想找出答案就得先問問題。詢問對的問題，可以強化企業各個階層管理的有效性。成功的主管知道詢問正確問題的訣竅；他們會詢問手邊處理項目的「什麼」、「為什麼」和「如何」，不會只為了依從慣例而遵循。他們質疑現存程序、系統和活動的相關性，檢驗如何持續改善上述的事務。

有時，企業必須將目標與商業環境中的新發展進行整合，它們的產品、程序和策略都要經常微調，才能在競爭中保持領先。因此，必須尋找下列問題的解答：**「該做的事情確實做了嗎？」「需要完成什麼？」**如果沒有，**「還需要做什麼？如何做？」**以下清單，是用來幫助主管達成此目標：

- 我們的企業是什麼？
- 為什麼我們會在企業的這個部門中？

- 還有什麼其他的事情，是我們需要做的？
- 我們如何執行不同程序、目標和活動？
- 我們的程序可以用不同且更好的方式進行嗎？
- 如何更加有效率地利用時間與成本，以達成我們的任務和活動？
- 除了達成目標，我們還能創造更高的附加價值嗎？
- 哪項活動對整個程序的助益最少，而且是可以刪減的？

上述問題只是舉例，並非完整的清單。**詢問對的問題，是在測試主管思考應變的能力。這會激發他們的思考過程，強化解決問題的能力。**鼓勵主管練習問對的問題，讓他們明白如何選擇對的問題、了解問題或許會有數個可用的答案，並評估各種不同的選項。再從可行的選項中，挑出正確的答案。

要得到答案，詢問問題絕對是必要的。所有科學和科技上的新發展，都是因為有人提出了沒被提出的疑問。牛頓就是因為問了為什麼蘋果只會往下掉，而發現萬有引力定律。偉大的科學家和發明者，都是有能力對觀察到的不尋常現象提問的人。企業領導人必須知道：

- 改變的過程中，無可避免地，都是由提出正確的問題開始。
- 產品或程序創新的第一步，永遠都是提問。
- 新發明也一定都是從發問開始，即「為什麼」或「為什麼不」。舉例來說，飛機就是源自於此問題：為什麼人類不能飛？
- 一旦解決「為什麼」後，緊接著就是「怎麼做」。

這裡有一個很棒的例子，就是透過發問而改變了程序。有個在美國出版社工作的郵務助理，看見公司都用某種特定尺寸的紙盒，寄書給他們的顧客。他對這個慣例提出了疑問，因為他發現只要把書的尺寸縮小一英吋，就適用於便宜的郵資方案。透過提出對現有慣例的疑問，並且思考如何改變，他就替公司省下高達一年五十萬美元的郵資。

鼓勵員工提問，才會帶來好的改變

改變對企業而言是不可避免的，要將威脅轉變為美好的機會，就需要提出合適的問題。把必須的改變轉為機會的能力，也需要企業家般的思考。企業家精神是所有成功企業的核心，包括深入了解「現在做了什麼」，以及「如何用其他方式達成」。企業必須確保組織的文化是鼓勵員工發問，當員工提出問題不會被認為是在找麻煩，也不會被勸阻、嘲笑或處罰。即使是一開始聽起來很蠢的問題，也不會被阻攔，因為蠢問題有時也可能變成非常棒的想法。一個問題不會只因為沒人問過，就被認定是沒用的。所有的問題，都要朝著找出答案的方向仔細檢視。

這種文化對企業成功來說，是絕對不可或缺的，阻止主管提出適當問題的企業，最終必定會衰亡。

許多企業真的會阻攔員工提問，就算是正確的問題，別人也會覺得是在找麻煩。在這種企業中的主管，可能會基於以下原因而不敢發問：

- 擔心質疑傳統或教條後，導致負面反彈。
- 害怕被訓斥、責備或警告。
- 不確定對行之有年的慣例提出疑問，是否合宜。
- 如果他質疑的慣例，隸屬其他主管的管轄範圍，就會擔心因此被嘲弄。
- 本能抗拒提出沒有人問過的問題。

主管有責任讓所屬的企業表現更好，他們必須使用非傳統的途徑，了解與解決複雜的問題與議題。如果想要實踐，就需要對某些既定的慣例提出尖銳、惱人，甚至令人頭痛的問題，鼓勵員工毫無畏懼地質疑常規和慣例，並推廣提出有建設性的反對意見的企業文化，任何相關的問題都可以自由討論。

從這個過程中產生的答案，可以提供能力與優勢，給需要有效處理改變的企業。企業必須從過去的經驗中學習，才能持續不斷地成長，當有必要時，它就必須擁抱改變。然而，如果沒有經常對做事的方式提出疑問，那麼也不能真正改變什麼。因此，對任何企業而言，鼓勵提問和尋找答案的文化是極為重要的。

實際行動

找一個程序、任務或活動，分析它是否能夠以更好，或更符合成本效益的方式完成。

36 — 收購與接管

驢子拍賣會（阿拉伯智者的故事）

納斯爾丁有一頭養了十五年的驢子，由於驢子年紀大了，變得懶惰又態度惡劣，因此，納斯爾丁決定要賣掉牠，另外買一頭又新、又年輕的驢子。

有一天，他把驢子牽到市場上交給拍賣商，希望可以賣得二千金幣。

拍賣商開始拍賣驢子，並且吟唱驢子的優點。陸陸續續開始有人出價，價錢很快就攀升到三千金幣。此時，拍賣商情緒高漲，繼續吼道：「這頭體格完美、健康又優良的阿拉伯驢子，絕對值得更高的價錢，不要以低價汙辱了這頭擁有高貴血統的驢子。」

於是，又有人陸續開出更高的價錢，最後價格停在三千九百金幣。突然間，納斯爾丁出價四千金幣，因此成了得標者。他把錢付給拍賣商後，就把驢子牽回家。

回家途中，納斯爾丁試圖搞清楚到底發生了什麼事。他花了四千金幣買了只有一半價值的驢子，因此損失了二千金幣，此外，還得付拍賣商四百金幣的手續費。

他的妻子看到他牽著同樣的老驢子回家，覺得很驚訝，便問道：「發生什麼事？沒有人要買這頭蠢驢子嗎？」

「不，夫人，其實是太多人想要買了。」納斯爾丁說：「但是我出最高價錢得標了，因為拍賣商說出牠的特殊價值，這些我可從來都不曉得。」

—**學習重點**— 情緒會干擾我們判斷某樣事物的真正價值。

「接管並從既有的企業基礎上發展，比從頭開始建立新企業簡單多了。」

——哈洛德．吉寧（Harold S. Geneen）

納斯爾丁在拍賣會上買回自己的驢子，因而損失了二千金幣，他的行為明顯地不理性，不過，拍賣會上經常可見不理性的行為，人們最後常常付出比拍賣品價值高的價格，去買下一件拍賣品。根據最近 eBay 拍賣網站的研究顯示，有些人甚至會下比「直接買」還高的價格，也就是該拍賣品目前的市價。

人們有時會在拍賣投標時，表現特別奇怪，因為拍賣員對拍賣商品的特點過度讚譽時，人們就會被引誘，不會去查證是否為真。人們不曉得這個商品其實既不稀有、也不獨特，只值某個合理的價格。尤其，如果獲得這項商品是為了面子，或是有人對自己渴望買下的東西，出了更高的價格，人們就會不合理地出高價。

行為科學家對此進行過許多調查，研究顯示人們在拍賣投標時，常會有不正常的舉止，因為他們的行動是出於競爭的心態，而競爭是人類生存的本能。期待自己贏得競標的商品，並因此而感到興奮，判斷力便會被遮蔽。當人們想要感受這種興高采烈的感覺，把贏得拍賣商品當成攸關自尊的行為，對他們而言重點是贏，而不是得到的代價。投標的時候，是根據情緒而非理性，人們對某項商品有所執著，決定不計代價得到它，被擁有這項商品的強烈渴望驅使，而不是它的真正價值。

拍賣員都是訓練有素的專業人員，他們熟知人們在拍賣會時的行為模式，刻意運用技巧，強調商品的某些特色，讓投標者上鉤。讓投標者的注意力被轉移，他們就不會注意到商品真正的價值。因此，下標之前，投標者必須分辨想要的目標商品，是否值得花那樣的價錢。

評估拍賣商品的底價，也是另一個考慮的重點。拍賣底價不見得能反應商品真正的價值，而且通常是隨意訂定。這項商品愈獨特或稀有，就愈可能武斷地決定底價，有時甚至比真正的價值還高。

舉例來說，股價通常是在首次公開募股（ＩＰＯ）訂定，採取這種「逆向投標」的方式。投資人出的價錢如果落在公司希望的特定範圍之間，就可以入股。投資人會認為這個價格的最小值，真實反映了股價的最低價格，但這種假設經常被證實是錯誤的。許多ＩＰＯ正式上市交易時，價格比當初的最小值還低，讓投資者承受重大損失。

商業世界的不理性收購行為

人們在拍賣會上出現的行為，在商業世界中也很常見。當企業接管、收購和融資收購出價時，也會出現如同拍賣會中的行為，畢竟，管理公司事務的也是人。以下這幾個詞彙通常會交替使用，不過帶有稍微不同的含意。

- **接管**（acquisitions）：較友善的收購方式，企業本身的目標並不排斥這種接管。
- **收購**（takeovers）：偏向惡意的接管方式，企業的目標會強烈抗拒這種方式。
- **融資收購**（leveraged buyouts）：買方企業利用目標企業的資產來增加資金，然後用這筆融資收購目標企業。

對購買方的企業而言，收購可透過吸收相關或不相關企業的其他公司，把握這條路徑繼續成長，擴大資產負債表的額度和收益，同時為所有股東將價值最大化。改善運作效率、降低成本，不需額外製造生產設備，就能提高市占率，也能透過接管競爭對手，減少現有競爭者。例如，太陽藥廠（Sun Pharmaceutical，印度藥廠）最近收購蘭貝克賽（Ranbaxy，印度藥廠），並且將兩家公司合併，便讓太陽藥廠成為全球第五大藥廠。

但是，收購對購買方的企業而言，也不見得總是有益。購買方的企業可能會面對一些接管方面的問題，例如：

- 購買方和被買下的公司之間，會有企業文化的整合問題。
- 被買下的公司可能並未如當初預期那樣有利可圖。
- 被買下的公司的資產負產表中，可能有隱藏的負債，使得公司無法賺錢。
- 被買下的公司中的優秀人才，可能在收購後或重新組織時，選擇離去。
- 兩邊公司的企業文化都可能瓦解。

企業也可能在收購時，提出相當不理性的價格，以下是一些例子：

- 當目標公司拒絕了頭幾個價格後，購買方情緒可能會被挑起，將價格提高到難以拒絕的程度，也因此收購成本會高得不切實際。
- 目標公司可能會運用某些策略，拒絕較惡意的收購者，而這樣的拒絕反而讓收購者更堅決。在這種狀況下，付出的價格可能遠遠高出目標公司真正的價值。
- 當收購方把得到目標當成名譽問題時，出價也會高得很不理性。
- 當兩間公司都想要同樣的目標公司時，彼此競價就可能使價格不合理，無視目標公司的真正價值。

這樣的收購對購買方來說，比起付出的價格，被收購的公司能創造的價值就變少了。難怪有些被收購的公司，沒辦法替購買方賺錢，而且必須忍受這項投資的不良回報許多年。

因此，主管進行收購時，絕對不能忘記最初的目的，對目標公司出價時，也不能把面子問題牽涉進去。

實際行動

對某樣東西投標時，記得進行成本效益分析，而出價之前，要先確定目標物的真正價值。

第 5 章

自我成長與道德管理

創造公開透明的企業文化／尊重所有共事者的尊嚴／不當應聲蟲，也別期待部屬中有應聲蟲存在／對部屬的表現誠實以告／別浪費時間在愛管閒事、道人長短／簡短而精準地陳述要討論的事情

37 激勵員工遵守道德行為

官方的油（印度民間故事）

考底利耶（Chanakya）是古印度孔雀王朝的國王旃陀羅笈多（Chandragupta Maurya）的諫臣與第一任宰相，同時也是聲譽卓著的學者，特別擅長哲學、政治、行為與經濟。有一次，中國的學者法顯到印度拜訪他，希望能和考底利耶討論哲學方面的問題。

法顯進入考底利耶的房間時，他正在看一些重要的官方文件。當時已是夜晚，房內點著大型的黃銅油燈。考底利耶請法顯找個舒適的位置待著，並問：「我敬重的客人啊，是什麼讓我有此榮幸，受到您的拜訪呢？」

「大人，我想和您討論印度哲學方面的問題，有些部分我不是很了解。」法顯回答。

聽到法顯這麼說，考底利耶就從壁龕裡拿出一盞小的土陶油燈，他用大油燈點燃小油燈後，便把大油燈吹熄，接著開始回答法顯提出的問題。等到法顯準備離去時，考底利耶又把小油燈吹熄，再次點起大油燈。法顯看到這奇怪的舉動，覺得很困惑，便詢問考底利耶這麼做的理由。

考底利耶回答：「大的黃銅油燈是官方的燈，國家支付這盞燈的油錢，既然我們談話的內容與國家事務無關，使用官方的油就是不適當的行為，所以我換成小的油燈，這盞燈裡的油，是我用自己的錢買的。」

—**學習重點**— 絕對不要把企業的資源供個人所用。

「道德就是知道『你有權力做什麼』和『做什麼才是對的』，兩者之間的差別。」

——波特・斯圖爾特（Potter Stewart）

考底利耶是歷史上著名的政治家，有高明的外交手腕，同時過著十分有紀律的生活，堅守道德原則；在這個故事中，便適切地展現了道德行為。

所有企業都期待員工能秉持良好的道德，不幸的是，想要完全杜絕不道德的行為，幾乎是不可能。錯誤的行為總是不斷上演，我們偶爾都會聽說某企業裡不道德或不正當的行徑。

所有企業都努力預防員工做出不道德的行為，為此制訂合適的道德規範，仔細定義何謂不道德的行為，並且懲罰不正當的行徑，以作示範。

員工的不道德行為，也會影響企業的信用、聲譽和財務健全度，而損失範圍可能從少許到非常嚴重。從這個角度來看，不道德的行為可分類如下。

- 影響甚鉅的不道德行為，通常是最頂端或高層人員所造成。這類行徑包括：
  - 因為更高的報酬或獎勵等個人利益，偽造表現數據。

- 偽造財務狀況以掩蓋損失，或展示比實際狀況還好的表現，藉此誤導股東，隱瞞公司真實的財務情形。
- 透過假支出或損失，抽走公司的資金。
- 製造假轉帳，得到非法利益。
- 收取禮物或不正當的好處，進而通過交易或合約。
- 主管故意將合約價格報高，騙取減價或抽佣。
- 刻意與朋友或親戚簽約，即使這些人的能力並不足以承接這個案子。
- 串通分配佣金的方式、因個人因素動用公司資產或資源等。

影響較為中等的不道德行為，在各個管理階層中時有所聞，以下是一些例子：

- 濫用公司資源，例如開公務車去做私人的事情。
- 明明住在自己或配偶的家中，卻向公司申請租屋費用。
- 申請財務賠償，但根本沒有發生意外。
- 遞交假帳單，冒領醫療方面的賠償費用。
- 把家人聚餐的帳單，當作與客戶應酬吃飯的費用。

- 利用公務時間，故意在外休息。對公司而言，出差或是休假，兩者的產值可是截然不同。
- 經常或不必要的出差，只是為了享受花公司的錢，在外逍遙的感覺。
- 用假帳墊高出差的花費。

影響較小的不道德行為，像是：

- 用辦公室電話撥打私人電話，而且通話時間相當長。
- 濫用公司的文具和設備。
- 上班時間做私人的事情。
- 習慣性的遲到或早退。
- 故意休息得比規定時間還久。
- 在工作場所中，花大把時間和其他員工聊八卦，或者討論個人事務。

影響較小的不道德行為，通常不太會被注意，很多員工甚至不覺得不道德。但是，只要在雇主付費的時間裡，做工作以外的事情，原則上就是錯的。從企業的角度來看，即使影響很小，也是浪費時間，可能造成機會的損失。而且企業必須因此承擔財務損失，畢竟浪費的每一分鐘都是由企業買單。如此一來，企業裡的員工可能產值低落，如果很多員工都在做這種事情，便會造成不斷擴張的影響。

道德行為是企業內所有員工的事

道德行為可不只是遵守法律、規則和規定，它也同時彰顯對正當行為的最高標準。這在企業中，就是所有活動、關係和決策背後應用的基礎價值觀。每個企業對員工道德行為的標準，可能不大相同，但一般而言，都認為員工應該：

- 以絕對的真誠、能力和責任感，扮演好自己的角色。
- 對所有要求、活動和決定，在執行時都抱持絕對的誠實和正直。
- 避免個人和公司的事務有利益上的衝突。
- 如果在某些狀況下，轉帳或決策方面會牽涉到個人利益，必須坦白提出。
- 維持絕對誠實的態度，避免在任何情況下有不正當的行徑。
- 尊重並妥善使用公司付費的時間。

- 在做任何決策時，絕對不能只考慮親友關係。
- 所有對客戶、主管和同事間的關係，都要公平、公正與透明。
- 不可逾越職權，或在沒有正當授權的狀況下恣意行事。
- 尊重所有人的尊嚴和價值。

警覺與戒備的監督，才能確定員工不會做出不道德的行為，損害企業利益。然而，沒有任何政策可以引發道德行為，不誠實的員工還是會想辦法鑽漏洞，所以想要對付不道德行為的最佳方法，就是透過動機和教育，確保員工能夠自發地遵守。

道德行為對公司的各個階層來說，都是至關重要的事情。在工作中遵守道德原則的主管，私下也會更快樂、更加放鬆，擁有平衡的工作與個人生活。他們壓力比較小，也因此工作的品質會更好。

相反地，有不合理或不道德行為的主管，則會不停擔心自己的行為是否暴露，總是有著很大的壓力，對許多事情都緊張不安，忍受不安穩的工作與個人生活。

想要激勵員工，就必須讓他們看見最高層的道德行為，領導人不應該只是傳達企業對道德行為的期待，而是要創造公開透明的企業文化。不論是什麼樣的活動和決定，員工都必須了解與珍惜，支持並遵守企業的價值觀。成功的企業必須隨時確保，員工從進入公司的第一天起，就吸收了企業的道德引導。

實際行動

列出你在閱讀本節之前，過去從不認為是不道德的行為。小心不要再重複這樣的行為。

38 揭穿企業事實好嗎？

特那利和守衛（印度民間故事）

特那利．拉曼用梵文寫了一首詩，讚美國王克里許納達伐拉亞，他來到皇宮，準備把詩獻給國王。

這是他第一次到皇宮，而守衛擋在皇宮門口，不讓他進去。特那利不斷地拜託守衛，最後守衛態度軟化了，不過他提出一個條件，要特那利把國王賞賜的獎賞，分給他一半。他強迫特那利以自己的聖線[9]發誓，一定會遵守承諾。

就這樣，特那利終於把詩獻給國王。這首詩充滿機智與趣味，國王非常喜歡、心情大好，便下令賞賜他五十枚金幣。

「王上，如果您喜歡我的詩，請不要賞賜我金幣，賞我五十下鞭子吧。」特那利說。

宮廷裡的人都被這古怪的請求嚇了一跳，國王要特那利解釋，為什麼寧可要鞭刑而不要金幣。特那利說出自己被迫以聖線起誓的約定，國王聽了之後非常生氣，於是解雇那名守衛，還賞了他二十五下鞭刑，然後把五十枚金幣全部賞給特那利，並且指定他成為朝廷的弄臣。

—**學習重點**— 使用不正當手段的人，一定會受到應得的報應。

9 印度教男孩成年時，獲贈的重要物品。

「不把實話說出來，會玷汙你的靈魂。」

——知名頌歌

特那利運用機智揭露了守衛的無恥行徑，在商業世界中，有些公司或員工也會做出有害的事情，不論是對顧客、環境、國家，甚至是人類整體。當一間公司為了短視的目標、追求最大利益，而做出錯誤的行徑時，員工也可能同樣取得不正當的利益。揭發事實，可以將這種有害的行徑公諸於世。

揭穿事實指的是內部知情人士，告發公司進行的不正當行徑。可能是對頂端的管理層、股東、執法機關或一般社會大眾，說出公司或自身的錯誤行徑。例如，謊言、詐欺、騙局等事蹟，或者貪汙、欺騙、財務不當行為等實例，也可能是員工瀆職、不道德的行為或非法的行為。

企業處在一個操作風險很高的環境中。操作風險，指的是內部程序錯誤或系統不健全所造成的損失，而企業必須保護自己，免於以下狀況帶來的風險：

- 員工做的壞事，反過來影響企業的資源和生意。

- 因財務損失引起實質或可能的不法行為。
- 可能對企業聲譽造成嚴重傷害的錯誤行為。
- 基於個人利益而採取的不道德行為，例如貪汙、賄賂或濫用公司名義。
- 員工串通外人欺騙公司。
- 不遵守法律規定或正確製造行為，可能導致刑罰或法律訴訟。
- 員工沒有先向公司報告，直接對公眾機關爆料，可能導致公司立場尷尬、名譽受損，難以面對其監督機關與顧客。

當公司內部進行著一些不道德或違法行徑時，外界可能期待員工說出真相，然而員工有時會面對進退兩難的困境，不知該揭發還是保持沉默。很多時候，員工選擇保持沉默，因為他們害怕面對負面的後果，例如：失去獎勵、津貼或升職，擔心被解雇或被迫辭職的威脅。也可能被公司公開批評和毀壞名聲，或是被主管和相關人士懲罰，面臨與公司對抗的法律責任與訴訟。

建立完善的事實揭露政策

此處引發了一個重要的問題：爆料者可以從揭穿事實中得到什麼？

這個問題顯示出，擁有制訂完善的事實揭露政策是多麼重要的事情。公司必須保護爆料者，避免他們揭穿事實後，遭遇到的負面後果。這種政策要有足夠的防備，確定這些人受到完善的保護。任何保護爆料者政策都必須包含：一個安全無比的機制，確保爆料者的身分不會被洩漏；將所有的事實資料視為最高機密，並謹慎處理；提供爆料者足夠的保障，避免他們失業或受到懲處；同時，確實保護爆料者，避免他們受到上級或相關人士騷擾、心理折磨、報復，或者成為犧牲者。

在組織管理優良的企業中，一個完善的事實揭露政策是必須且重要的部分。它可以幫助公司執行任何程序時，強調道德與正當的最高標準。讓正直的員工將錯誤行為，上呈給最高管理層，而且避免因為員工直接向公共機關爆料，造成企業的名譽損失。

具備專業管理的企業，都有一套完善的事實揭露政策。這個政策鼓勵員工在內部說出實情，而不是到企業之外宣傳。除了對爆料者提供足夠的保護外，完善的事實揭露政策，應具備下列項目的詳細條款：

- 錯誤行為的報告機制。
- 被掩蓋的不法或錯誤行為，以及特殊例外。
- 揭發行為的處理程序，以及調查方式。
- 有資格採取行動、進行調查程序等的機關。

這項政策必須廣為宣傳，而且所有員工都能自由接觸。更好的方式是，把政策刊登在公司內部的網站中。一定要創立必要的保護措施，鼓勵員工勇於揭發不法事實，預防欺騙行為或防止公司損失。管理高層也要經常與員工溝通，鼓勵他們揭發不正當的行為。切記，要將如何進行公正調查的程序，詳細地寫下來，檢查這些爆料者所說的真實性。管理高層必須經常檢查這些政策，確定它的有效性。這項政策也必須包含足夠的預防措施，才能夠避免：

- 爆料者有任何無法受到合法保護的可能性。
- 有人故意提出錯誤情報，濫用這項機制。
- 帶著惡意或挾怨報復的心態，濫用這種爆料機制。
- 對無辜員工進行錯誤、瑣碎和偽造的舉發。

企業外部的人也可以揭發重要的事實，像是審計員就可能擔任極重要的角色。審計員有法律和專業的責任，可以揭露任何欺騙、假帳和不法行為。在進行審計的過程中，他們可能會遇到許多財務不法行為，這些是他們可以揭穿的。

印度的股市交易公司行為中，就要求參與的公司必須有事實揭發政策，而且要為所有員工熟知。這項要求乃是非強制性，但仍有許多公司主動採用。現在，我們可以看見許多公司的網站中，都有事實揭發政策。

實際行動

研究你所屬公司的事實揭發政策，看看當中提供了什麼樣的保護措施。

39 重視所有員工的尊嚴

所有生命之中都有神（西孟加拉邦民間故事）

有名僧侶堅定地相信，所有生命之中都有神，而且一直以來都把這句箴言，傳給他遇見的所有人。某天，他經過市場，看見一個象夫邊跑、邊大喊：「快跑啊，快點躲開，我的大象抓狂了。」

聽到象夫的警告，人們紛紛跑開，但是僧侶卻連動都不動。看到他平靜地站在原地，象夫就說：「先生，你為什麼不跑開呢？抓狂的大象可能會殺了你的。」

「我為什麼要跑呢？所有生命之中都有神，即使是抓狂的大象裡也有神，所以，我怎麼可能會被大象裡的神所傷呢？」僧侶問道。

最後，大象衝過來，朝著僧侶一腳踩下，僧侶當場便死亡。

死後，僧侶的靈魂來到神的面前，這個心煩意亂的靈魂抱怨道：「神哪，我堅定地相信所有生命之中都有祢的存在，既然祢也存在於抓狂的大象之中，為什麼我還會被牠踩死呢？」

神回答：「是的，我的確存在於抓狂的大象之中，但我也存在於那個象夫裡面，我派了他去救你。你被殺是因為你不相信象夫裡面的神。」

—**學習重點**— 讓自己面對致命的風險，絕不是明智的行為。

「言善信，與善仁。[10]」
——老子

「神存在於所有生命之中。」這是一句古老的格言，深植印度人的心靈。這句格言背後的理由是，既然神創造了所有生命，因此祂的部分聖靈應當存在於所有生命之中。我們當然很難去求證這句話的正確性，但是以人類而言，世界上所有宗教都認為，每個人的心中都有神聖的存在。

不過，有一件事的確無法否認，就是這句格言對所有主管都有相當實際的重要性。了解並實踐這句格言，對主管們會很有幫助，他們必須看到共同工作的每個人裡面，都有同樣的靈存在。

根據管理學家羅伯．卡茲（Robert Katz）的說法，管理者必須具備三大能力：技術能力、人際關係能力、概念化能力。當然，最重要的就是人際關係能力。**主管必須擁有**

10 不論對誰說話都能守信，對待任何人都有同理心。

傑出的人際關係能力，並且加以善用，才能讓主管的角色發揮得更有效果。但是，到底有多少主管確實擁有並發揮這項能力，就是個大問題了。

實踐這句格言，就是替每個主管都應擁有的人際關係能力建立基礎。人際關係能力是指主管可以達成：

- 有效地處理員工個別的問題，以及整個團隊的問題。
- 了解身邊的人，可以和他們建立良好的互動關係。
- 團隊工作時會尋求合作，也願意與人合作。
- 了解其他人的動機，進而領導與激勵他們。
- 有效與他人合作，得到正向的結果。
- 有自信、清楚且有效地溝通。
- 禮貌且優雅地表達和他人不同的意見。
- 將自己的時間管理得很好。
- 控制團隊成員之間的壓力和緊繃情緒。

如果神存在於主管和部屬心裡，那麼主管便應該思考：即使是最微不足道的部屬，也要認出他心中的神性，把他當成神的差使；對部屬心裡的神聖部分，表現出尊重，並注意每個部屬都有尊嚴，帶著尊敬與禮貌對待部屬。

以上並非假設性的敘述，而是主管發揮人際關係的技能時，非常重要且相關的問題。幾乎主管做的每一件事情裡，軟技能都是必備的。擁有良好人際互動技巧的主管，通常都比其他人成功。

主管必須明白：即使是擔任無關緊要的職位的員工，也都有尊嚴和自尊心。**可以透過給予適當的尊重，提升部屬的自尊心；部屬的自尊心提高後，工作表現也會比較好。**如此便可以在員工與企業之間，建立強健的連結。加強員工的滿意度和動機值。透過給予員工適當的尊重，主管也會得到他人更多的尊重。

當部屬表現不佳，主管該如何處理？

主管的軟技能每天都會在公司派上用場，但是，不同的主管也會採用不同的方式對待員工。舉例來說，如果一個部屬的表現無法達到標準，他的主管可能會採取以下作法之一：

• 選擇不要說太多。如果未達標準的原因，並非部屬不夠努力，那麼主管可能會選擇多給他一次機會，或是多一點時間，讓他有機會改善。

• 使用負面的字眼。批評該員工的所有部分，像是指責他的表現、攻擊他的個性或質疑他的能力。

• 針對表現給予建議。以冷靜、分析的態度述說，避免批評員工的個性或表現能力。聽完且分析表現不佳的原因後，如果是因為員工個人無法控制的因素所造成，考慮是否有必要重新設定其目標。

上述的第一個方法是消極的，會讓員工以為公司能接受他的表現未達標準，進而導致企業生產力受損。第二個方法是負面的，可能逐漸毀掉這名員工，他可能會開始違抗公司，對這些批評感到不痛不癢，或者心生不滿，直接換工作。

第三種方法則積極正面，而且可以達到雙贏的局面，因為主管保住了員工的尊嚴，因此，員工會更願意接受主管的建議，並且努力做到更好，甚至成為傑出員工，也能對企業保持忠誠。

要給予員工應得的尊重，使用的言辭也非常重要，說話的人必須確定自己的語調和態度不會令人反感。即使是評論或警告員工時，有能力的主管還是會謹慎地控制自己使用的言辭。

遇到這類狀況時，一定要記得下列重點：

- 使用的言辭絕對不能是敏感或誹謗性的。
- 避免不必要的大聲說話或吼叫。
- 避免使用貶低或冒犯的字眼，或是有侮辱暗示的詞彙。
- 和員工說話時，要維持必要和適當的禮儀。
- 應該評論的是員工的表現，而不是他的個性。
- 必須以冷靜且分析的口吻，進行這樣的討論或評論。

當主管處理員工不端正的行為時，有時會忍不住發脾氣或使用嚴厲言辭，但是要記得，即使是好戰或行為不端的員工，也一樣有自尊心。而且，如果無法證明該員工確實行為不端，事後他也不會再尊敬主管，或是對企業忠誠。更甚者，員工會用同樣的態度回應，爭吵就此產生。因此，處理這類狀況時，還是建議要有所節制。

杜拉克本身就非常看重人的尊嚴，他建議主管應該尊重所有共事者的尊嚴，並且認為人類的尊嚴必須被尊重，就算沒有什麼其他的理由，光是因為我們同為人類也已經足夠了。

實際行動

注意一下自己對後輩的態度，你有尊重他們的尊嚴嗎？

40 擺脫應聲蟲和同夥人

陛下的忠實僕人（印度民間故事）

有一次，阿卡巴國王和睿智的波巴爾一同出外狩獵。途中，阿卡巴國王注意到一片茄子田，田裡長滿了豐美的茄子。國王說：「波巴爾，茄子有無可比擬的滋味，尤其是茄子泥，毫無疑問是世上最美味的蔬菜料理。」

波巴爾很快地回答：「是的，陛下，茄子非常好吃，茄子是蔬菜之王。陛下，您看這裡！這茄子頭上甚至還戴了皇冠。」國王看過去，茄子的頂端長著幾片萼片，看起來確實很像皇冠，於是國王說波巴爾有著過人的觀察力。

幾天後的晚上，阿卡巴國王品嚐著茄子泥，隔天一起床就肚子痛。過了一會兒，國王見到波巴爾，就說：「波巴爾，茄子真是種噁心的蔬菜，讓人胃痛，整個消化系統都不舒服。」

「是的，陛下。」波巴爾同樣很快地回答：「茄子確實對消化系統不太好，它非常容易引起脹氣，讓胃不舒服。」

阿卡巴國王突然想起波巴爾先前說的話，就問：「可是波巴爾，幾天前你還大力稱讚茄子，甚至說它是蔬菜之王。」

「陛下，那天您說茄子泥是世上最美味的料理，但是今天卻說它有害。」

「波巴爾，為什麼你的說法不是依據茄子真正的特性來判斷，而是因為我說的話而改變呢？」

「陛下，因為我是您忠實的僕人，不是茄子的僕人。」波巴爾說。

—**學習重點**— 應聲蟲不可能提出審慎而周全的建議。

「阿諛奉承的電池壽命非常短。」

——無名氏

波巴爾的行徑就是應聲蟲的最佳範例，這種人會隨著老闆的心情和喜好，隨時改變說詞，他們在企業中經常可見。每位企業領導人都必須注意，因為這種人除了是應聲蟲之外，什麼也不是。

應聲蟲出現在企業裡的機率相當高。有個笑話是，主管應該隨時遵守兩項原則：原則一，老闆永遠是對的。原則二，就算老闆是錯的，也要遵守原則一。在應聲蟲與同夥人之間，只有些許的差異。應聲蟲的明顯特徵是：

- 他們對老闆的忠誠度比對企業高。
- 應聲蟲就是老闆所說話語的回音。
- 他們最努力做的事情，就是討好老闆，而不是做對的事情。
- 不管老闆立場是什麼，他們都無條件支持，就算老闆的立場是錯的也一樣。
- 企業的薪資條件對他們而言較不重要。

- 他們用阿諛奉承和諂媚話語去取悅老闆。

同夥人是老闆信任的密友，他們是一群關係很緊密的人，彼此相當熟悉。通常在較資深的階層才會看到同夥人，他們不是只在一旁附和老闆，還會提供不同的資訊和建議。若最高的執行階層開啟了同夥人文化，之後的繼承者就會一直延續下去，這種惡性循環將變得很難打破。最高領導人如果允許同夥人存在，這些人可能：

- 提供不實或帶有偏見的資訊，讓老闆對其他主管產生偏見。
- 嚴重破壞人際關係，讓企業內的工作氣氛徹底惡化。
- 折磨那些認真工作、忠誠又有能力的主管，本質上對企業也會造成危害。

喜歡自己的意見被讚揚的老闆，就需要有應聲蟲跟在身邊；沒有安全感的老闆，也需要應聲蟲向他們保證一切都很好。這種老闆對自己的領導力沒有信心，因此希望部屬強化其意見和想法，尋求部屬的肯定，提升自我觀感。他們需要有人不斷贊同其觀點，讓他們覺得比較安心。就算上司提出錯誤的想法，應聲蟲也會毫無疑問地全力支持，甚至還會想辦法合理化這些行為。

導致一個人變成應聲蟲的最初動機，可能是野心或恐懼。有野心的人透過這種方式鞏固自身的利益，像是升遷等。但恐懼通常才是最主要的原因，這些人可能害怕被解雇、被邊緣化、失去獎勵、被調到偏遠地區等。就算個性原本並非如此，也會逐漸變成應聲蟲，以免老闆對他們不利。

在某些企業中，即使是最高管理階層，也不敢不同意老闆的意見。在這樣的環境中，執行長們不敢表達自己的意見，因為對某個決策提出建設性的意見，很有可能讓他們付出代價，他們會被認為是「好爭辯的人」，當評價被曲解，事業便面臨危機。

周全的決策取決於開放的討論風氣

主管需要處理很多複雜的狀況，如果身邊的人對所有事情都說好，那麼，主管就很難公正地做好自己的工作。成功的領導人會確定其想法和策略，經過全面的壓力測試，也就是適用於面對的情境，或是達到某個特定目標。因此，各種策略或行動的選擇方案，必須透過一群人根據各自的立場，來公開討論、分析，甚至是批評。

有些企業領導人在委員會或團隊討論時，會希望達成一致的決定。然而事實上，一

致的決定並不總是最好的決定，有時這個決定根本沒有經過謹慎考慮。一般而言，當某件事情被主管提出後，時間通常都很倉促，並未認真討論。之所以能達成一致的決定，是因為沒有部屬想替自己找麻煩，因此不提出反對意見。不過，如果是經過充分討論、考慮每位參與者的看法後才宣布的決定，這樣的決定便是有益的。

要做出周全的決策，最基本的就是公開與坦白的討論。討論過程中可能會產生紛爭或意見不合，但紛爭不見得都是壞事。企業領導人必須明白：

- 人們不會只為了反對而反對某件事。
- 有相反的意見，其實對企業的健全發展反而是好事。
- 自由且坦白討論的文化，是企業成功與否的重要關鍵。
- 討論的目的是要讓團隊參與其中，找出最好的解決方案。
- 只要有人適當地控制討論流程，討論的結果就會是周全且一致的決策。

這樣的討論會得出好的結果，帶領企業往正確的方向前進。這就是愛德華．狄波諾所謂的「建設性的反對意見」（constructive disagreement）。而應聲蟲與同夥人的文化，則會帶給企業相反的影響。想要預防這種文化在企業裡生根，以下方法很有幫助：

- 創造出開放、合作的文化，鼓勵自由且坦白的討論。
- 有重要議題或政策時，集結各方的看法。
- 鼓勵主管給予意見和直率的建議。
- 讓主管可以不帶畏懼或遲疑地表達自己的看法。
- 每隔一段時間，就讓主管在企業部門間輪調。
- 在工作場合以外的地方，進行破冰時間或瘋狂夜晚這類的活動，鼓勵每位主管自由坦白地表達意見。

如果企業裡的主管明白，只要根據邏輯和理性，對某些議題提出反對意見也不會被責難的話，該企業必定會蓬勃發展。這樣的環境也非常適合培養出全面的管理能力。

實際行動

不要當應聲蟲，也不要期待部屬中有應聲蟲存在。

41 「說實話」幫助企業走得長遠

吃老鼠的皇后（阿拉伯民間故事）

路曼醫師有一次被國王叫去替皇后治病，因為皇宮的醫師都無法治好皇后的疾病。抵達皇宮後，路曼要求見病人，並檢查她的脈象。

國王說：「不，你不能見她，因為她必須待在帷幕後面。」

路曼回答：「這樣的話，她可以從帷幕後伸出手讓我檢查。」

「不可以，尊貴的皇后不能被其他男人碰到，就算是醫師也不行。」

「那麼，就在皇后的手腕上綁一條線，我可以抓著線的另一端，來檢查皇后的脈搏。」

國王同意了，於是交給皇后一條線。但是皇后故意惡作劇，把線綁在她最喜歡的貓的爪子上。綁線的時候，貓發出了響亮的叫聲。

路曼的觀察力非常強，當他抓著線時，專業的手指立即接收到古怪的訊號，他馬上就理解了這個玩笑。但是他依然保持沉默，因為說出事實可能得付出極大的代價。此時，國王已經沒了耐心，叫路曼說出診斷結果。

「王上，我想皇后是吃了太多老鼠。」路曼說。

國王一聽，非常生氣，立刻下令把路曼抓起來。路曼非常冷靜，他請求國王到帷幕後面，親自看看線是不是被綁在貓爪上。

國王進去檢查之後，明白了為何會出現如此奇怪的診斷，於是立即釋放路曼。之後，路曼檢查皇后的脈搏，也治好了她，國王便賜給路曼豐厚的獎賞。

—**學習重點**— 說出事實需要極大的勇氣。

「沒有任何工作值得你拋棄正直和尊嚴。」

——羅特希爾德男爵（Baron Rothschild）

在人類的價值系統中，實話是不可或缺的部分。所有宗教和道德倫理，都教導我們要說實話，而且只能說實話。我們可能會面臨一些情境，這種時候說實話將非常冒險、痛苦，甚至危險，不過，若我們的責任如此，就必須說出事實。路曼知道說實話可能會害自己送命，但那並未阻止他這麼做。

然而，在商業世界中，做生意時說出事實，可能會為此付出代價。並非每種情況都能說實話，有時甚至是不可行的。我們確實經常會碰到下列狀況：

- 誤導的廣告，只揭露該產品或服務的部分資訊。
- 故意用極小的字體印刷，讓消費者誤會。
- 在廣告或合約上，使用意思模糊的字句。
- 不道德的行徑，損害消費者利益。
- 當半真半假的事情被揭露後，說更多的謊言去圓謊。

此外，也可以看見這樣的例子：公司販賣對消費者有害的瑕疵產品，卻企圖掩飾。最近有一間汽車製造商，回收了數百輛車子，修理某個有瑕疵的部分。消費者宣稱這間公司多年前就已經發現瑕疵，卻刻意遮掩事實，而且，這間公司等到鬧出好幾條人命後，才願意回收車輛。

美國聯合碳化物公司（Union Carbide）的管理階層注意到，關閉的化工廠可能會因為安全系統的不穩定狀況，使得儲存在工廠裡的瓦斯產生外洩情形。而且，也早就向公司報告，一九八〇到一九八三年之間，發生氣體外漏的零星事件。但是，該公司企圖掩蓋這些潛在的危險，最後導致一九八四年印度博帕爾（Bhopal）的大爆炸悲劇，並帶走數千條人命。

大部分企業都確認自己的公司是以誠實、道德、合法的方式運作，但有些企業還是拚命追求短視的目標，只在乎降低成本或增加獲利，而做出錯誤、不道德及不誠實的行為，因此損害消費者的權益。

舉例來說，許多企業製作廣告時，會故意使用極小的字體誤導消費者，這種廣告引誘消費者相信，某樣產品或服務具有價值，但事實根本不是如此。極小字體在財務金融、信用卡、製藥、旅遊、電信、保險等產業最常被使用；許多研究都顯示，大部分消費者根本懶得看那些小字。

「規則與條件限制」這幾個字經常可在廣告中看到，但這些規則和條件會採用極小的字體，放在廣告中最不起眼的區域。它們經常都是模稜兩可，從很多角度都解釋得通，而且是特別設計來限制優惠條件。

舉例來說，最近有間電信公司打出低通話費的廣告，看起來相當誘人。但是，在規則與條件限制中特別提到，「此費率僅限於午夜到凌晨四點之間適用」。消費者根本很難從這樣的費率中得到實質優惠，因為該時段大部分的人都在睡覺。

企業使用極小字體，讓消費者搞不清楚商品真正的價格；掩飾產品的有害影響，例如藥品的副作用。藉此遵守法律的強制規定，像是確實提供了免責聲明，還讓消費者誤會產品的真正價值。

主管該如何堅守誠實正直？

一旦面臨進退兩難的情境，主管心中會出現疑問：應該說出實情，並承受可能招致的風險？或者保持沉默，承受因此而帶來的折磨？還是，向公司或第三方（例如媒體、社會單位等）揭穿事實？

主管可能會因為戳破不法的勾當，而必須面對相關的風險，包括：單獨承受殘酷的對待、失去上司的喜愛、被解雇或被迫離職、再也沒有升遷機會、被騷擾或意志消沉，以及造成壓力和身體不適，或者因為內心衝突而導致表現不佳。

本節的故事提醒我們，主管必須堅守誠實正直，大膽地站出來說實話。主管有道德上的責任，要抗拒公司使用任何不法的行徑。他們必須揭發有損消費者權益的事情。

關於部屬的表現，主管給予建議時，必須誠實以告。過於嚴苛或太過溫和的回饋，部屬都可能因而受到嚴重傷害。如果部屬一直不知道自己哪裡不足，就難以發現真正的潛能，坦白的回饋能夠幫助他們改善表現。給予建議時，主管必須冷靜客觀，就算真相很殘酷，也要以不羞辱員工的方式說出實話。對於員工令人不滿意的表現，提出確實的例子，在討論時，避免使用嚴厲的言辭，要讓員工感覺自在，並且給予適當的尊重。

同時，**主管也必須實在地評估自身的表現，對自己的優勢和缺點坦承以對**。精確地指出自己缺乏什麼，以及有哪些方面需要改進。

幾乎所有企業在宣告自己崇尚的價值時，都會提到誠實、正直和公開。令人遺憾的是，這些價值卻可能消失在企業文化中。正直和誠實兩個詞彙經常交錯使用，但是正直有時比誠實還要偉大。

誠實的意思是，一個人不會從自己做的任何決策中，謀取個人利益。正直則是保持一致或「不動搖」的態度。決策者除了企業利益之外，凡事都無法影響他，這便是正直。企業要完善運作，必須具備以下條件：

- 鼓勵公開透明的文化，讓員工可以自由揭發任何違背企業或顧客利益的事情。
- 建立合適的論壇，讓員工說出心裡的疑問與擔憂。
- 建置一個系統，激勵員工之間的正直行為。
- 企業內部要有爆料機制，鼓勵員工勇敢舉發不正確的行徑。

半真半假的陷阱，可能在短期內對公司有利，然而，總有一天事實會被揭露，長期來看，只有「說實話」才能夠獲勝。

實際行動

檢查你所屬的企業，在處理顧客和員工事宜時有多誠實。

42 — 管好自己的事

鸚鵡與猴子（梵文寓言故事）

有一對鸚鵡住在森林裡，牠們在樹上建造了堅固又舒適的鳥巢，保護牠們度過壞天氣。在一個寒冷的冬日，天空下起了雨，沒多久，小雨變成傾盆大雨。過了一會兒，一些猴子跑到樹下躲雨，牠們的毛都溼透了，因為寒冷而全身發抖。

看到猴子們如此淒慘，公鸚鵡說：「喂，猴子，大自然只給我們這小小的爪子和小小的喙，即使像我們這麼小的動物，也能夠築巢保護自己免受寒冷和雨水之苦。可是你們有這麼大的身體，還有像人類一樣的手，那麼為什麼不蓋個可以遮風避雨的避難所呢？」

猴子們聽到鸚鵡的話都很生氣，猴王就回話：「閉嘴，你這喋喋不休的傢伙，管好你自己的事，別管我們。」

但是鸚鵡不肯閉嘴，牠又重複了一次剛才的問題，接著開始對猴子說教，告訴牠們辛勤工作，以及即時採取行動、避開災禍的重要性。鸚鵡不斷地教訓猴子，強調牠們本來可以避開悲慘的狀況。

沒多久，猴子們被鸚鵡惹得非常生氣。牠們爬到樹上打壞鸚鵡的巢穴，現在鸚鵡也落得一樣悲慘的下場。

—**學習重點**— 嘲笑他人悲慘的處境，一定會得到報應。

「狹隘的心靈道人是非，平庸的心靈討論事件，偉大的心靈談論想法。」

——無名氏

那些喜歡多管閒事的人，一定會因自己的舉動而面臨不好的後果。沒有人喜歡被指手畫腳，故事裡的鸚鵡就學到了慘痛的教訓。

有些人就是喜歡干涉他人的事情，他們會去打探周遭發生的大小事，干涉那些與他們無關的事情。企業裡面也是如此，有些員工非常喜歡干涉工作場所裡發生的每件事。

這種愛管閒事的人，都會有些特殊的行為：他們到處道人長短，指導別人什麼是對、什麼是錯；批評別人做的事情、做事方式，或是生活方式、穿著和長相；侵犯他人的專業領域，甚至是私人領域；詢問一些刺探隱私的問題，根本不在乎別人是否需要或想不想接受建議。

這種人其實有頑固的意見和想法，他們喜歡聽自己說話，所以經常說個不停。不用說，這種人通常不太受歡迎，其他人會討厭和排斥他們。他們的行為有時會引起糾紛和爭執，而他們的主管就必須處理這些爭端。因此，這種人會浪費主管許多時間和精力。

總是多管閒事的人必須理解，每個人都對自己的人生負責，可以自由選擇生活的方式。人們都有獨特的價值觀，可能希望私生活保有一些界線，不想和人討論，而且會被這種不請自來的建議給惹怒。

愛管閒事的人也必須了解，別人的人生要做什麼，與任何人都無關。他們自作主張地提供建議，帶來的壞處往往比幫助還多。他們可能覺得某件事情是正確的，但不代表套用在別人身上也是如此。他們覺得錯誤的事情，在別人身上可能是最正確的。因此，不應該去干涉那些與他們無關的事。

專業的企業裡，會設定一些檢查方式，確定員工不會干涉他人的事務。企業必須鼓勵員工實踐這句格言：「管好自己的事。」如此可為企業帶來以下好處：

- 員工不會被他人干涉工作事務。
- 避免企業中執行事務的困惑與混亂。
- 杜絕員工的工作時間被浪費。

對員工來說，則會有以下好處：

- 不會浪費時間，自作主張地給人建議。

• 不會沉迷於八卦或批評他人。
• 享受工作生活，從中得到更大的滿足感。
• 因為有滿足感，就能為企業貢獻更多生產力。

當員工嚴重干涉別人的事務時，主管就必須處理。不幸的是，只有少數事件會被主管注意到，而且，要隨時監控所有員工的行為，對企業而言本來就很難實踐。許多企業對於定義工作場所中員工間的互動行為，根本沒有清楚的政策。因此，要先設定明確的政策框架，才能有效地處理這類的事件。

有效的實踐方法

有些主管喜歡刺探部屬的私人生活，忘記員工需要一些私人空間，才能有良好表現。這種主管侵犯部屬的私人空間，總是緊跟在部屬身邊，了解他們在做什麼，而這種行徑經常導致員工不滿。「管好自己的事」，這句話對主管也同樣適用，主管必須加以實踐，他們得知道：員工需要抒發情緒的空間，消除工作帶來的壓力。也需要維持工作與生活的平衡，並且感覺到有足夠的機會可以學習和成長。

主管應該注重的，是工作的過程而不是員工本身。專業的管理，就在於尊重與了解以下事項：

- 不只要看做了什麼，還要注意怎麼做的。
- 不只在乎有效率地達成目標，也要知道是如何達成目標。
- 注意與部屬、同儕和上司間的互動關係。
- 注意非正式團隊裡的成員，在團體中的互動與人際關係。
- 確保管理階層與員工之間，保持著友好的關係。

這裡提供一些經過驗證的訣竅，可以幫助主管與員工成功實踐「管好自己的事」：

- 你不希望別人對你做的事，就不要對別人那樣做。
- 別人沒開口，就別自作主張給意見。別人請求幫忙時，才去幫忙。
- 尊重同事的尊嚴。
- 避免討論別人的私生活。
- 絕對不要問一些可能傷到他人情緒的隱私問題。

- 絕對不要評論同事的外表、衣著或生活方式。
- 不能只對上司有禮，對所有同事都要有禮貌，對待後輩也要給予尊重。
- 當同事遇到了尷尬的狀況，不要繼續發表評論。
- 遠離辦公室政治，避免因為偏見而選邊站。
- 不要被捲入與自己沒有直接相關的事情。
- 當別人討論與你無關的事情時，完全不需要停下來聽。
- 不要評論他人，記住每個人有自己獨特的價值觀和信仰。
- 想要阻止八卦，就直接告訴他們，你沒有興趣討論其他人。
- 訓練、教導和監督部屬，專業地管好自己的事情。
- 當自己碰到不該跨越的界線時，要有所知覺並停止。

實際行動

注意你在工作場所的行為，看看你花了多少時間在與自己無關的事情上。

43 管理被他人占用的時間

與姻親同住（印度民間故事）

有個貧窮的農夫結婚之後，第一次和妻子到娘家拜訪。

妻子的娘家就在附近的小村莊，娘家的人貧窮且沒有土地，平常維持生計，是靠著在森林裡挖草，再帶到鄰近的鎮上販賣。雖然貧困，但他們還是想好好款待女婿，因此招待他精挑細選的食物和飲料。

能得到這般款待，農夫當然想留下來與姻親同住。為了表達這個期望，有天早上，他在庭院的牆上寫著：「與姻親同住是天賜之福。」

丈母娘看到這句話，明白他的意圖。但是因為貧窮，實在無法接待女婿太久，於是她就在那句話的下面寫：「過二到四天，就收拾包袱。」

看到這句話，女婿又繼續寫道：「我希望能待上一、二個月。」

過了幾個小時，丈母娘則接下去寫：「會給你一支挖草用的鋤。」

這下子，女婿終於明白自己真的待太久，快要不受歡迎了，於是隔天早上就帶著妻子回家。

—**學習重點**—好時光不會永遠存在。

「賴著不走就像成為一盆枯萎的花藝作品，沒幾個人受得了。」

——荷麗．布巴克（Holly Brubach）

如果你停留在某處，或是與某人會面的時間拖得太久，可能就會變得不受歡迎。這種情形在私人生活和工作場合都會發生，我們也都遇過某些人來訪，待了好久卻都不走，這可能是朋友、點頭之交、同事、親戚或供應商等。住在城市或都會區的人，常會有鄉下來的親戚來訪卻待著不走的問題，而這也是著名的北印度電影《親愛的客人，你什麼時候才要走？》（*Atithi Kab Jaaoge*）的主題。

為了扮演好自己的角色，主管經常必須與不同的人互動，像是部屬、老闆、顧客等，他們必須以最有效率的方式，掌控會面的時間，才能把自己的時間利用到最佳程度。任何賴著不走的人，對主管的時間和精力都是不必要的浪費。

主管必須經常處理這些待得太久的人，這問題可從兩方面來探討：第一，主管自己與老闆或其他重要人士互動時，可能花了太多時間。第二，主管可能必須處理待得太久的客人。

身為主管，你可能會面對自己待得太久，而老闆開始不耐煩的尷尬處境。通常老闆都很歡迎部屬來找他們，不管是討論事情、尋求指引或互動。但是老闆也都相當忙碌，他或許會撥一些時間，與你討論事情，然而，你得自己看出：**老闆所能騰出的時間其實有限，他還要管理許多和你一樣的部屬**。老闆要處理的事務更加廣闊，而你負責的只是其中一部分，許多方面都需要他費心處理，因此，他沒有寬裕的時間可以聽你說話。

當老闆願意聽你說話時，他也期待你不要花時間討論這些事：

- 不需要他建議或指引的麻煩或焦慮情緒。
- 那些你只需要去尋找和解決的基本問題。
- 不在他管轄領域之內的事務。
- 你自己就可以處理的瑣碎問題，以及不重要的事情。
- 與他或你都無關的事情。

簡短、精準和確實地陳述要討論的事情，讓老闆感覺你很尊重他的時間。像這種會面的時間，都是企業的珍貴資源，必須謹慎利用，不要找老闆閒話家常，當你有重要公事需要討論時才去找他。不過，若是多重目的的拜訪，討論公事時稍微社交閒聊，這也沒什麼不對。

如何暗示那些賴著不走的人？

當你為了某些事情，在老闆或其他重要人士的身邊待得太久，而讓他們感到不耐煩時，你可能會察覺到一些線索，這便是暗示你差不多該走了。他的肢體語言、語調和動作都可能改變，例如：開始局促不安或動來動去、開始看手錶、看向其他地方或牆壁、不再注意你說的話；也可能會和你說，晚點再討論這件事，或開始拿桌上的檔案或文件。如果你還是一直待著，他就會開始有點不耐煩。如果你還是不走，可能換來他對你的惱怒。

這只是一小部分的例子，還有其他類似的徵兆。**一旦你接收到這種暗示，知道自己不受歡迎了，就立刻準備結束討論，並且盡快離開**。趕快把剛才的討論，總結成有邏輯的結論。並為自己占用他太多時間而道歉，道謝之後，從容地離開。如果你還有其他重要的事情要討論，就約定下次會面的時間。

另一方面，主管也會遇到有人來訪，卻賴著不走的問題。對那些來訪的人要溫和有禮，這點固然很重要，但是也得記住，你的時間是企業的重要生產資源，必須確保你的時間不會被賴著不走的人占據而浪費掉。

處理這類問題時，以下步驟很有幫助：

- 一開始就要盡量避免這種狀況。告訴訪客你很忙碌，只能騰出幾分鐘時間，例如，只能給他十分鐘之類的。如果你待會就得參加會議，也要告訴你的訪客。
- 如果有習慣性待著不走的人要來找你，就把會面時間安排在兩個連續的重要會議之間，讓他只有一點時間可用。
- 禮貌地告訴訪客，你實在是忙翻了，之後再和他聯繫。大部分的商業人士都聽得懂這個暗示，並且會馬上離開。如果這招不管用，使用前述的暗示方式，讓他們知道該結束會面了。
- 如果朋友或親戚延長了拜訪時間，有禮地表達自己非常忙碌，會盡快再打電話給他們，並安排工作以外的時間見面。有必要的話就道歉。
- 拒絕供應商或其代表在沒有預約的情況下，就前來進行報告，如果他們的產品真的很重要，請他們下次先預約再來訪。

經常面臨這類問題的主管，也可以玩「拯救我」的小把戲。作法就是主管安排一位可信賴的員工，當員工接收到「拯救我」的訊息，便前來告知你必須出席一個即將開始的會議，當你向訪客道歉後，就可以順利離開。如果有必要的話，主管可以使用上述這個伎倆。

實際行動

事先列出與老闆或同事會面時要討論的細節，確定你占用的會面時間都是必須的，不要浪費他人太多時間。

44 給下一世代的主管

一杯茶（禪宗故事）

寒山是個偉大的禪宗修行者，他住在森林深處的修道院中。有一天，著名的學者呂渭來這所修道院拜訪他。呂渭在宗教、文學與哲學方面，都因學識淵博而聲譽卓著，他希望向寒山學習禪宗的靜坐，寒山同意在午茶時教導呂渭。

到了下午，寒山和呂渭坐下來喝茶。寒山的弟子在兩人面前擺了茶杯，寒山開始替呂渭倒茶，但是杯子已經滿了，他卻沒有停止，茶水不斷從杯中流出。呂渭被這奇怪的舉止搞得有點惱怒，忍不住大叫：「請停止吧！茶杯已經滿了，茶都浪費了。往已經滿了的杯子裡繼續倒茶，到底是什麼意思？」

寒山停下倒茶的動作，説道：「這正是重點所在，你現在了解學禪的方法了。如果你想要學禪，就必須先把心中的杯子倒空。你的心已經如此擁擠，無法再放入禪的思想了。」

—**學習重點**— 想要學習某樣事物，就必須先拋棄既有的觀念。

「清空你的杯子，方能再行注滿，空無以求全。」

——李小龍

每一年，企業都會招募即將從各個商學院拿到MBA、大有可為的年輕人。這群前途光明的未來主管們，通常被稱為儲備幹部（Management Trainees, 簡稱MTs，即管理培訓生）。在這段受訓期間，企業付錢給這群儲備幹部，學習管理這家企業。一旦培訓完成，儲備幹部們就會被安排到企業的各個管理職位。

企業會招募儲備幹部，是因為他們希望團隊中擁有最佳的人才，以有效率的專業主管組成企業的骨架。妥善培訓這群人，發展其領導能力，培育出有效且全面的管理能力，以因應不同的角色需求。也可從中挑選未來的領導人，如此建立有效的傳承計畫，讓企業順利發展。

儲備幹部們必須把這份工作當成長期的職業，而不只是個普通工作。工作和職業之間的不同點在於：

- 工作只是受雇來做一件事，而職業是受雇來做許多互相聯繫的事情。

- 工作的目的是賺錢生活，而職業則牽涉到專業領域的長期發展目標。
- 工作是把指定的目標完成，職業則要求全心投入、追求卓越。
- 工作的發展角度有限，職業則會提供更傑出、更有發展性的機會。
- 工作提供穩定的收入，職業則是學習、經驗和能力累積的結果。
- 在職業中，地位逐漸提升的可能性比工作高很多。

儲備幹部必定會把從商學院學到的各種學術知識，帶到企業當中。但是，除非他們拋棄一些既有的學術知識，否則很難從這個新角色中，學到必須具備的新知識和技能。前述故事和新鮮主管十分有關聯，因為他們必須先倒空自己的杯子，再裝滿和未來職業更相關的新知識。

以下是一些引導儲備幹部，達到傑出表現的實用建議。

該做的事

光有ＭＢＡ學位，無法造就成功主管，管理教育只能創造出管理的材料，但不是主管。**沒有人天生就是主管，許多管理技巧必須透過實作與經驗才能得到。**

一般而言，企業會為新招募的儲備幹部準備一些發展課程，目的就是讓他們學習重要的知識和技巧，並且提供必要的實作經驗。因此，儲備幹部必須好好把握這個機會來培養自己。以下針對此職位，列出一些該做的事：

- 企業招募是把你和同階級的未來主管集中在一起，至於你的成績或成績平均績點從此刻開始就不管用了。記住，從現在開始，只有你的實際表現才會決定未來的職涯發展。
- 趕快適應所屬企業的文化、結構、系統和策略。
- 你可以透過觀察身邊的事物，學到很多東西。仔細觀察他人如何處理任務、對付難纏的客戶、領導團隊等。
- 積極學習新事物，記住，公司要訓練你成為將來的主管，所以請專注於培養並磨練新技能。
- 仔細觀察前輩們如何把管理概念，運用到實際案例中。
- 練習你學到的新技巧，把知識轉變為行動。
- 願意向所有人學習，即使是那些位階比你低的人。記住，你的部屬可能知道什麼對公司最好。

• 具備正確的態度。不管被指派的任務有多不起眼，都要仔細、盡心、帶著熱忱地完成。
• 不管做什麼，都要主動、積極，並且盡量提出想法，表現出你十分有意願找出解決方案。
• 不要抄捷徑，因為這些方法會讓你得到惡果。
• 永遠尊重和關懷他人，要向他人學習，人文素養是絕對不可或缺的本質。
• 如果你要領導一個團隊，採用積極鼓勵的方式，贏得團隊成員的信心。
• 以自己為範例來領導團隊，適當地激勵團隊成員共同達成目標。
• 保持樂觀的精神，隨時調整自己，直到完全了解公司的企業模式，而且能夠適應良好，最終必定會得到屬於你的機會。

不該做的事

有些儲備幹部會以為自己被雇用，是因為他們有卓越的知識，所以比其他人更優秀；即使擁有卓越的知識，這件事本身也不保證一定成功。

知識必須化為行動，才能學到技巧，因此，儲備幹部若想成功，就必須避免這種想法。以下是一些不該做的事：

- 不要忘了，這間企業已經被和你一樣聰明的人經營許久。記得，其他人待在公司的時間比你久，所以絕對比你更了解這家企業。
- 千萬不要有「我什麼都懂」的態度，這會惹怒資深員工或主管。如果想晉升成功的領導人，傲慢是絕對不能有的特質。
- 或許你確實與眾不同，但不要急著證明這點。用行動代替話語，行動比話語更有力量。
- 不要企圖自己解決複雜的狀況。遇到難解的問題時，請先詢問負責帶你的同事或主管。
- 不要忘了，學術知識不可能代替從實際經驗中學到的技能。隨時準備好接下任何指派給你的任務。
- 別道人是非或對工作程序發表意見，至少在剛進公司的前幾個月必須遵守。
- 避免抱怨遇到的問題，而是去解決問題。如果遭遇任何問題，先思考可能的解決方式，再去和主管討論。

在我過去的經驗中，曾見過許多有卓越表現及出色人際關係的主管，他們都沒有MBA學位。在MBA學程中獲取的學術知識，比不上真正成功領導一個團隊，以及實際展現傑出成果的珍貴經驗。

實際行動

練習寫日記，記錄你每天從實際工作中學到什麼。

謝詞

撰寫這本書的過程中，我必須閱讀並參考大量的書籍、雜誌、文章和新聞報導，實在難以一一感謝每位專家的貢獻，名單會長到讀者毫無興趣。

我要將誠摯的謝意和深深的感激，一同獻給那些作品在本書中被提及，或是我曾諮詢過的管理專家和權威人士。過去三十年間，我所讀過、吸收和實踐的管理知識，來自許多專家、作者、學者和經理人的心血，我欠他們許多。我可能在不知情或無意識的狀況下，不斷提及他們的想法和意見，自己卻渾然不知，以至於沒有感謝他們的貢獻。

但我還是要特別感謝管理學界大師中的大師，彼得．杜拉克，他對於管理的藝術與科學領域始終不斷貢獻，他的作品是所有管理階層的指引。對於我在書中某些部分，引用了他一些世界聞名的佳言，我也要表達深深的感謝。

如果不是許多人充滿熱情地扮演重要角色，促成我完成這本書，現在此書也不會誕生。我要表達深深的感激，給那些曾經提供幫助、讓我達成目標的人。最後，我也要感謝我的妻子 Renu、兒子 Neeraj 和女兒 Shivani，他們不斷地鼓勵、無盡的支持和無條件的信任，相信我絕對可以完成這個巨大的任務。

職場通 職場通系列039

EMBA沒教的44則人性領導法則

用44則寓言故事，看懂職場人情世故，化解上下與跨部門溝通干戈障礙，圓融自在發揮強大個人影響力

MBA through Stories : The Art of Effective Management Through 44 Enriching Tales

作　　者　拉維．古達（Ravi Gupta）
譯　　者　吳宜蓁
總 編 輯　何玉美
責任編輯　曾曉玲
封面設計　萬勝安
內文排版　菩薩蠻數位股份有限公司

出版發行　采實出版集團
行銷企劃　黃文慧．陳詩婷．陳苑如
業務發行　林詩富．張世明．吳淑華．林坤蓉
會計行政　王雅蕙．李韶婉
法律顧問　第一國際法律事務所　余淑杏律師
電子信箱　acme@acmebook.com.tw
采實官網　http://www. acmebook.com.tw
采實粉絲團　http://www.facebook.com/acmebook

ＩＳＢＮ　978-986-95256-6-4
定　　價　360元
初版一刷　2017年10月
劃撥帳號　50148859
劃撥戶名　采實文化事業有限公司
　　　　　104台北市中山區建國北路二段92號9樓
　　　　　電話：02-2518-5198
　　　　　傳真：02-2518-2098

國家圖書館出版品預行編目(CIP)資料

EMBA沒教的44則人性領導法則 / 拉維.古達(Ravi Gupta)作；吳宜蓁譯. -- 初版. -- 臺北市：核果文化, 2017.10
　面；　公分
　譯自：MBA through stories : the art of effective management through 44 enriching tales
ISBN　978-986-95256-6-4（平裝）

1.企業領導 2.職場成功法

494.2　　106014960

廣	告	回	信
台北郵局登記證			
台北廣字第03720號			
免	貼	郵	票

采實文化 ACME PUBLISHING 采實文化事業股份有限公司

10479台北市中山區建國北路二段92號9樓

采實文化讀者服務部　收

讀者服務專線：(02) 2518-5198

EMBA沒教的44則人性領導法則

用44則寓言故事，看懂職場人情世故，
化解上下與跨部門溝通干戈障礙，
圓融自在發揮強大個人影響力

職場通 職場通系列專用回函

系列：職場通系列039
書名：EMBA沒教的44則人性領導法則

讀者資料（本資料只供出版社內部建檔及寄送必要書訊使用）：

1. 姓名：
2. 性別：□男 □女
3. 出生年月日：民國　　年　　月　　日（年齡：　　歲）
4. 教育程度：□大學以上 □大學 □專科 □高中（職） □國中 □國小以下（含國小）
5. 聯絡地址：
6. 聯絡電話：
7. 電子郵件信箱：
8. 是否願意收到出版物相關資料：□願意 □不願意

購書資訊：

1. 您在哪裡購買本書？□金石堂（含金石堂網路書店） □誠品 □何嘉仁 □博客來 □墊腳石 □其他：________（請寫書店名稱）
2. 購買本書的日期是？____年____月____日
3. 您從哪裡得到這本書的相關訊息？□報紙廣告 □雜誌 □電視 □廣播 □親朋好友告知 □逛書店看到 □別人送的 □網路上看到
4. 什麼原因讓你購買本書？□對主題感興趣 □被書名吸引才買的 □封面吸引人 □內容好，想買回去試看看 □其他：________（請寫原因）
5. 看過書以後，您覺得本書的內容：□很好 □普通 □差強人意 □應再加強 □不夠充實
6. 對這本書的整體包裝設計，您覺得：□都很好 □封面吸引人，但內頁編排有待加強 □封面不夠吸引人，內頁編排很棒 □封面和內頁編排都有待加強 □封面和內頁編排都很差

寫下您對本書及出版社的建議：

1. 您最喜歡本書的哪一個特點？□實用簡單 □包裝設計 □內容充實
2. 您最喜歡本書中的哪一個章節？原因是？

______

______

3. 您最想知道哪些關於健康、生活方面的資訊？

______

______

4. 未來您希望我們出版哪一類型的書籍？

______

______